重庆工程学院

无线传感网开发与实践

聂增丽　宋　苗　编著

西南交通大学出版社
·成都·

图书在版编目（CIP）数据

无线传感网开发与实践 / 聂增丽，宋苗编著. 一成
都：西南交通大学出版社，2018.11
ISBN 978-7-5643-6550-9

Ⅰ. ①无… Ⅱ. ①聂… ②宋… Ⅲ. ①无线电通信 – 传
感器 Ⅳ. ①TP212

中国版本图书馆 CIP 数据核字（2018）第 249596 号

无线传感网开发与实践

聂增丽　宋 苗　编著

责任编辑	张文越
封面设计	何东琳设计工作室

出版发行	西南交通大学出版社
	（四川省成都市金牛区二环路北一段 111 号
	西南交通大学创新大厦 21 楼）
邮政编码	610031
发行部电话	028-87600564　　　028-87600533
网址	http://www.xnjdcbs.com
印刷	四川森林印务有限责任公司

成品尺寸	185 mm×260 mm
印张	13
字数	325 千
版次	2018 年 11 月第 1 版
印次	2018 年 11 月第 1 次
书号	ISBN 978-7-5643-6550-9
定价	39.00 元

前　言

随着全球经济的快速发展，人工智能、大数据、智能制造等技术不断成熟，物联网时代逐渐到来。据统计，目前国内物联网连接数已达 16 亿个，预计 2020 年将超过 70 亿个，市场规模达到 2.5 万亿元，物联网发展潜力巨大。无线传感网作为物联网发展的核心技术，覆盖了物联网的感知技术、通信技术及应用技术等关键技术。

本书以提升职业竞争力的"工程导向、项目递进"为理念，以真实的物联网工程项目为载体，组织了基于"物联网工程实施过程"的内容。同时，本书以智能项目为主线，根据工程开发的需要，按照无线传感网规划、硬件设计、网络开发及调试，网络构建、数据处理及应用的顺序排布内容。

本书的特色：

（1）涉及物联网工程项目建设全周期，即按照智能项目实施流程进行了设计，课程实施从浅到深，从硬件到软件，从无线传感网的网络规划、设计到实施及应用。

（2）内容包括项目运行的全过程，即从底层数据采集到应用层数据运营的全过程。本书把各独立技术结合一起，注重各模块接口的实现，突出技术关联性与实用性。

本书共 7 个章，具体内容划分如下：

第 1 章主要讲解无线传感网基础知识，包括智能系统中的无线传感网、无线传感网体系结构、无线传感网的节点结构。

要求阅读者能进行无线传感网设计，必须掌握无线传感网的体系结构，组成网络必要的元素，掌握无线传感网的常用芯片，无线传感网络运行流程。能进行无线传感网规划，学会使用替代法维修无线传感网。

第 2 章主要讲解基于 Wi-Fi 技术构建无线传感网，包括 Wi-Fi 技术概述、Wi-Fi 模块--ESP8266 介绍及测试、Wi-Fi 站点（STA）模式网络连接、WI-FI 应用开发-基于无线网络连接管理节点界面设计（C#）、WI-FI 应用开发-无线网络管理节点程序设计、Wi-Fi 应用开发-Wi-Fi 芯片、手机、电脑基于 TCP 协议组网。

要求阅读者掌握 Wi-Fi 技术的基本知识；能使用 Wi-Fi 芯片 ESP8266 分别使用接入点模式与站点模式进行无线组网，并能进行数据传输。

第 3 章主要讲解基于 ZigBee 技术构建无线传感网，包括 ZigBee 技术概述，ZigBee 技术体系结构-ZigBee 协议栈、基础实验，ZigBee 技术应用-CC2530 认识、基础实验，串口通信-与电脑互传数据、数模转换，采集室内温度和检测光照强度，ZigBee 协议栈工作流程和无线收发控制 LED，协议栈中串口基础实验，广播组网-无线数据传输和组播组网-多终端控制协调器 LED，点播通信-无线通信、ZigBee 协议栈应用-节点数据采集与传输、管理节点串口连接开发实例、自组网管理节点程序设计。

要求阅读者掌握 ZigBee 技术的基本知识；能使用 CC2530 芯片，掌握 ZigBee 协议栈，能使用 ZigBee 协议栈进行组网，并基于 ZigBee 协议栈进行数据接收。

第 4 章主要讲解 LoRa 无线组网技术：包括 LoRa 无线网络概述、LoRa 无线组网。

本章要求阅读者掌握 LoRa 无线网络技术的基本知识；拓扑结构、组网等，学会芯片资料查阅、团队协作等能力。

第 5 章主要讲解蓝牙无线组网技术。

本章要求阅读者掌握蓝牙技术的基本知识；学会芯片资料查阅能力。

第 6 章主要讲解采集数据处理与应用，包括采集数据存储、数据处理与应用。

要求阅读者掌握应用开发平台进行数据的存储和应用。

第 7 章主要讲解综合设计——教室智能灯光控制系统的实现：包括灯控系统数据采集、连接、传输和灯控系统的数据处理与应用。

本章要求阅读者掌握无线传感网的系统设计方法，实现综合设计即智能系统设计，掌握基础性实验的组合设计，并对相关模块进行联调、实现智能系统。同时，本章要求读者总结提升，能设计出新的智能设备。

通过本课程的学习，读者加深对无线传感网的理解，为进一步研究和从事无线传感网应用开发和工程实践的读者提供良好的基础和参考。

致谢：

本书的编写和整理工作人员还有景兴红、李波、向守超、吴俊霖、张媛、何小群等，全体人员在这一年的编写过程中付出了辛勤的劳动，在此一并表示衷心的感谢。

意见反馈：

由于编者水平有限，如有纰漏和不尽人意之处，诚请读者提出意见和建议，以便修订并使之更完善。

编 者

2018 年 10 月

目　录

第 1 章　典型实例认识无线传感网

本章主要介绍智能系统中的无线传感网，包括无线传感网的概念，无线传感网的体系结构，无线传感网的应用，无线传感网的开发环境。要学会传感器网络设计，首先要了解传感网的体系结构，组成网络必要的元素，无线传感网运行流程。本章的目标是熟悉无线传感网组成，学会使用替代法维修无线传感网。

1.1　智能系统中的无线传感网

无线传感网是什么，它在生活中充当什么样的角色？当今社会，新科技、新工业、智能产品充斥着我们的生活，比如智能机器人、工业机器人、比尔盖茨的智能科技智能豪宅、智能交通、智能农业，小到智能耳机，运动手环等等。那么这些智能的系统是如何工作的呢？智能系统都会这经历 4 步：第 1 步：传感器节点采集数据，2.经过无线传感网将采集的数据信息传输到中心节点，3.节点再讲数据信息上传到服务器，服务器保存信息到数据库，4.应用软件调用数据库中数据进行分析、统计、研究和预警等。

例如如下图 1-1 所示智能农业系统结构所示，通过实时采集温室内温度、土壤温度、CO_2浓度、湿度信号以及光照、水中氧气浓度等环境参数，自动开启或者关闭指定设备。根据用户需求，随时进行处理，为实施农业综合生态信息自动监测、对环境进行自动控制和智能化管理提供科学依据。

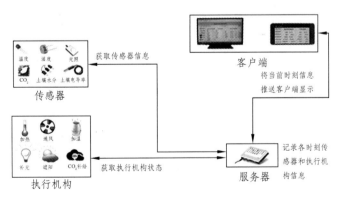

图 1-1　智能农业系统结构

传感器（获取传感器信息，如温度、光照、二氧化碳），获取的信息传输到服务器，服务器记录各时刻传感器和执行机构信息，根据控制方案和温室状态，确定执行机构如何运行，即发送执行机构控制指令，控制执行机构加热、通风、加湿等。服务器与客户端的交互包括客户端选定所需的控制方案，服务器将当前时刻信息推送客户端显示。

系统基于农业物联网的三层式结构构建，如图 1-2 所示，温室现场控制层、服务器层、用户应用层。温室现场控制层负责环境监测与调控，服务器层使用 web 服务器等连接 Internet 网络，用户进行应用。

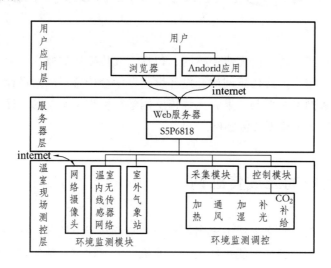

图 1-2   系统基于农业物联网的三层式结构构建

各独立的部分通过网络将彼此连接上，进行交流，网络拓扑图如图 1.3 所示，温室内部通过无线传感网连接各传感器节点，并将信息汇聚在传感器网关节点，通过网关节点连接到外部设备，外部设备通过 Internet 网络实现远程控制。

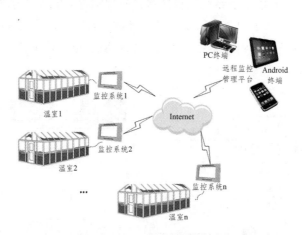

图 1-3   农业网络结构

又如下图 1-4 所示智能灯光控制系统：使用 ZigBee 自动组网技术实现网络中所有灯控设备的连接、数据共享及网内统一控制。ZigBee 节点采集环境中的红外、光照数据，实现灯控节点的数据采集，再通过 ZigBee 网络，将采集数据传送到 ZigBee 协调器，然后协调器通过串口连接服务器和 Wi-Fi 芯片，Wi-Fi 芯片通过 Wi-Fi 无线通信连接到服务器、手机等移动终端，实现远程控制和监控。该系统中使用了基于 ZigBee 技术和基于 Wi-Fi 的无线传感网。

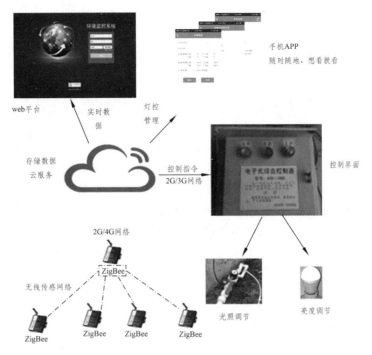

图 1-4　智能灯光系统

　　由上述可知，无线传感网是实现数据采集到数据应用的桥梁。无线传感网，为特定的智能机器人装上神经系统，使它有了智慧，才能感知信息并且对感知的信息进行自动处理。

　　了解无线传感网定义之前，回答一个问题：什么是无线网络？

　　无线网络字面意思即是没有电线的网络，与有线网络的用途类似，最大的不同在于传输媒介的不同，利用无线电技术取代网线。

　　无线传感网英文名 WSN-Wireless Sensor Networks，是由一组传感器以特定方式构成的无线网络。

　　无线传感网定义为：无线传感网就是由部署在监测区域内大量的廉价微型传感器节点组成，通过无线通信方式形成的一个多跳的自组织的网络系统，其目的是协作感知、采集和处理网络覆盖区域中被感知对象的信息，并发送给观察者。

　　如图 1-5 所示，大量的传感器节点将探测数据，通过汇聚节点经其他网络发送给了终端用户。

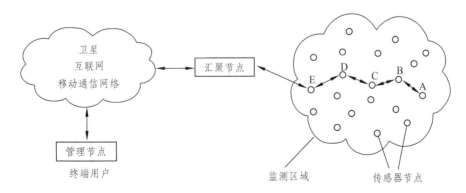

图 1-5　无线传感网

可以看出，传感器、感知对象和观察者是传感器网络的三个基本要素。这三个要素之间通过无线网络建立通信路径，协作完成感知、采集、处理、发布信息过程。

无线传感网不仅包含传感器节点间通过无线技术建网，还包括在网内进行信息感知、数据采集、数据处理与数据应用。

下面的章节详细介绍传感器节点在不同无线技术下的建网，并在这些无线传感网中进行数据运用。

无线传感网以最少的成本和最大的灵活性，连接任何有通信需求的终端设备，采集数据，发送指令。若把无线传感网各个传感器或执行单元设备视为"豆子"，将一把"豆子"（可能100粒，甚至上千粒）任意抛撒开，经过有限的"种植时间"，就可从某一粒"豆子"那里得到其他任何"豆子"的信息。作为无线自组双向通信网络，传感网络能以最大的灵活性自动完成不规则分布的各种传感器与控制节点的组网，同时具有一定的移动能力和动态调整能力。

无线传感网具有众多类型的传感器节点，可探测包括地震、电磁、温度、湿度、噪声、光强度、压力、土壤成分、移动物体的大小、速度和方向等周边环境中的多种信息。

1.2　无线传感网基础知识

1.2.1　无线传感网的体系结构

传感器网络系统通常包括传感器节点（EndDevice）、汇聚节点（Router）和管理节点（Coordinator）。

大量传感器节点随机部署在监测区域内部或附近，能够通过自组织方式构成网络。传感器节点监测的数据沿着其他传感器节点逐跳地进行传输，在传输过程中监测数据可能被多个节点处理，经过多跳后路由到汇聚节点，最后通过互联网或卫星到达管理节点。用户通过管理节点对传感器网络进行配置和管理，发布监测任务以及收集监测数据。无线传感网网络结构示意图如图 1-5 所示。

1. 传感器节点

传感器节点处理能力、存储能力和通信能力相对较弱，通过小容量电池供电。从网络功能上看，每个传感器节点除了进行本地信息收集和数据处理外，还要对其他节点转发来的数据进行存储、管理和融合，并与其他节点协作完成一些特定任务。

2. 汇聚节点

汇聚节点的处理能力、存储能力和通信能力相对较强，它是连接传感器网络与因特网等外部网络的网关，实现两种协议间的转换，同时向传感器节点发布来自管理节点的监测任务，并把无线传感网收集到的数据转发到外部网络上。汇聚节点是一个具有增强功能的传感器节点，有足够的能量供给，能将 Flash 和 SRAM 中的所有信息传输到计算机中，通过汇编软件，可很方便地把获取的信息转换成汇编文件格式，从而分析出传感节点所存储的程序代码、路由协议及密钥等机密信息，同时还可以修改程序代码，并加载到传感节点中。

3. 管理节点

管理节点用于动态地管理整个无线传感网。传感器网络的所有者通过管理节点访问无线传感网的资源。

如图 1-6 所示，监测区域中随机分布着大量的传感器节点，这些传感器节点以自组织的方式构成网络结构。每个节点既有数据采集功能又有路由功能，采集数据经过多跳传递给汇聚节点，连接到互联网。管理节点对信息进行管理、分类、处理，最后供用户进行集中处理。

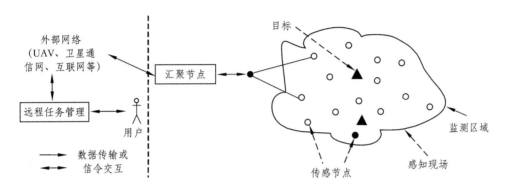

图 1-6　无线传感网的网络结构

1.2.2　无线传感网的节点结构

传感器网络节点一般由数据采集模块、数据处理模块、数据传输模块、能量供应模块组成。无线传感器节点的体系结构如图 1-7 所示。

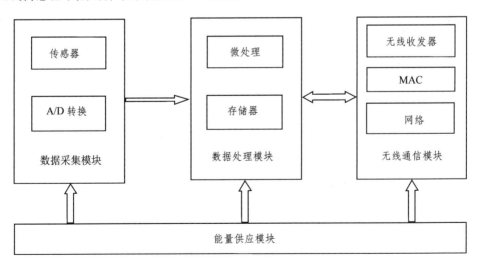

图 1-7　传感器网络节点的结构

① 数据采集模块：数据采集模块包括传感器和 A/D 转换设备，负责目标信息的采集。传感器根据不同的目标特点采用不同的传感形态，如声纳、超声波、红外、温度、烟雾等。在该模块中，主要由传感探头和变送系统共同完成采集信息和转换数据的工作。

② 数据处理模块：数据处理模块一般由单片机或微处理器、嵌入式操作系统、应用软件等组成，负责对采集到的目标信息进行处理。它将节点的位置信息、采集到的目标信息以及目标信息的空间时间变量综合分析，然后将处理结果通过无线通信模块传输出去或存储在本地。这里将使用一些算法实现对目标的识别、跟踪、定位等。对于可以移动的节点，它还可以根据分析结果对运动机构如机器人进行控制，使之朝着靠近目标的方向前进。该模块主要用来负责控制设备、分配任务、存储和处理监测数据。

③ 无线通信模块：该模块一般是由无线收发模块组成，负责数据的接收和发送。它可以是节点之间的通信，也可以是节点和基站之间的通信。所有传感节点通过无线通信模块来进行彼此间的信息交换和无线通信。节点间数据的采集收发可以通过天线来进行，对于网络中选择波段、调制信号方式、编码方式等也起到了很好的作用。

④ 能量供应模块：能量供应模块是无线传感网中的基础模块，它为传感器节点提供运行所需的能量，是节点顺利工作的保证。无线网络不可以使用普通的电能，只能通过自己存储的能源（如电池供电）和从自然界摄取的能量（如太阳能、振动能等）来保证系统的正常工作，一旦电源耗尽，节点就失去了工作能力。目前，电池无线充电技术日益引起人们的关注并成为可能的发展方向。另外，利用周围环境获取能量（如太阳能、振动能、风能等）为节点供电也是无线传感网节点设计技术的一个潜在的发展方向。

1.2.3　无线传感网通信体系结构

无线传感网通信协议体系结构如图 1-8 所示，横向的通信协议层和纵向的传感器网络管理面。通信协议层可以划分为物理层、数据链路层、网络层、传输层、应用层。而网络管理面则可以划分为能耗管理面、移动性管理面以及任务管理面。网络管理面主要用于协调不同层次的功能，以求在能耗管理、移动性管理和任务管理方面获得综合的最优设计。

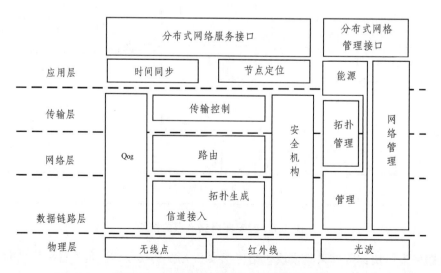

图 1-8　无线传感网通信协议体系结构

1.2.4　无线传感网的特点

目前常见的无线网络包括移动通信网、无线局域网、蓝牙网络、AdHoc 网络等，无线传感网在通信方式、动态组网以及多跳通信等方面与它们有许多相似之处，但也有很大的差别。无线传感网具有如下特点：

1. 大规模

为了获取精确信息，在监测区域通常部署大量传感器节点，可能达到成千上万，甚至更多。传感器网络的大规模性包括两方面的含义：一方面是传感器节点分布在很大的地理区域内，如在原始森林采用传感器网络进行森林防火和环境监测，需要部署大量的传感器节点；另一方面，传感器节点部署很密集，在面积较小的空间内，部署了大量的传感器节点。

传感器网络的大规模性具有如下优点：通过不同空间视角获得的信息具有更大的性价比；通过分布式处理大量的采集信息能够提高监测的精确度，降低对单个节点传感器的精度要求；大量冗余节点的存在，使得系统具有很强的容错性能；大量节点能够增大覆盖的监测区域，减少洞穴或者盲区。

2. 自组织

在传感器网络应用中，通常情况下传感器节点被放置在没有基础结构的地方，传感器节点的位置不能预先精确设定，节点之间的相互邻居关系预先也不知道，如通过飞机播撒大量传感器节点到面积广阔的原始森林中，或随意放置到人不可到达或危险的区域。这样就要求传感器节点具有自组织的能力，能够自动进行配置和管理，通过拓扑控制机制和网络协议自动形成转发监测数据的多跳无线网络系统。

在传感器网络使用过程中，部分传感器节点由于能量耗尽或环境因素造成失效，也有一些节点为了弥补失效节点、增加监测精度而补充到网络中，这样在传感器网络中的节点个数就动态地增加或减少，从而使网络的拓扑结构随之动态地变化。传感器网络的自组织性要能够适应这种网络拓扑结构的动态变化。

3. 动态性

传感器网络的拓扑结构可能因为下列因素而改变：环境因素或电能耗尽造成的传感器节点故障或失效；环境条件变化可能造成无线通信链路带宽变化，甚至时断时通；传感器网络的传感器、感知对象和观察者这三要素都具有移动性；新节点的加入。这就要求传感器网络系统要能够适应这种变化，具有动态的系统可重构性。

4. 可靠性

无线传感网特别适合部署在恶劣环境或人类不宜到达的区域，节点可能工作在露天环境中，遭受日晒、风吹、雨淋，甚至遭到生物的破坏。传感器节点往往采用随机部署，如通过飞机撒播或发射炮弹到指定区域进行部署。这些都要求传感器节点非常坚固，不易损坏，能适应各种恶劣环境条件。

由于监测区域环境的限制以及传感器节点数目巨大，不可能人工"照顾"每个传感器节点，网络的维护十分困难甚至不可维护。传感器网络的通信保密性和安全性也十分重要，要防止监测数据被盗取和获取伪造的监测信息。因此，传感器网络的软硬件必须具有鲁棒性和容错性。

5. 以数据为中心

互联网是先有计算机终端系统，然后再互联成为网络，终端系统可以脱离网络独立存在。在互联网中，网络设备用唯一的 IP 地址标识，资源定位和信息传输依赖于终端、路由器、服务器等网络设备的 IP 地址。如果想访问互联网中的资源，首先要知道存放资源的服务器 IP 地址。可以说现有的互联网是一个以地址为中心的网络。

传感器网络是任务型的网络，脱离传感器网络谈论传感器节点没有任何意义。传感器网络中的节点采用节点编号标识，节点编号是否需要全网唯一取决于网络通信协议的设计。由于传感器节点随机部署，构成的传感器网络与节点编号之间的关系是完全动态的，表现为节点编号与节点位置没有必然联系。用户使用传感器网络查询事件时，直接将所关心的事件通告给网络，而不是通告给某个确定编号的节点。网络在获得指定事件的信息后汇报给用户。这种以数据本身作为查询或传输线索的思想更接近于自然语言交流的习惯。所以通常说传感器网络是一个以数据为中心的网络。

例如，在应用于目标跟踪的传感器网络中，跟踪目标可能出现在任何地方，对目标感兴趣的用户只关心目标出现的位置和时间，并不关心哪个节点监测到目标。事实上，在目标移动的过程中，必然是由不同的节点提供目标的位置消息。

6. 集成化

传感器节点的功耗低、体积小、价格便宜，实现了集成化。其中，微机电系统技术的快速发展为无线感知网接点实现上述功能提供了相应的技术条件。在未来，类似“灰尘”的传感器节点也将会被研发出来。

7. 密集的节点布置

在安置传感器节点的监测区域内，布置有数量庞大的传感器节点。通过这种布置方式可以对空间抽样信息或者多维信息进行捕获，通过相应的分布式处理，即可实现高精度的目标检测和识别。另外，也可以降低单个传感器的精度要求。密集布设节点之后，将会存在大量的冗余节点，这一特性能够提高系统的容错性能，对单个传感器的要求大大降低。最后，适当将其中的某些节点进行休眠调整，还可以延长网络的使用寿命。

8. 协作方式执行任务

这种方式通常包括协作式采集、处理、存储以及传输信息。通过协作的方式，传感器的节点可以共同实现对目标的感知，得到完整的信息。这种方式可以有效克服存储能力不足的缺点，共同完成复杂任务的执行。在协作方式下，传感器之间的节点实现远距离通信，可以通过多跳中继转发，也可以通过多节点协作发射的方式进行。

9. 自组织方式

之所以采用这种工作方式，是由无线传感器自身的特点决定的。我们事先无法确定无线传感器节点的位置，也不能明确它与周围节点的位置关系，同时，有的节点在工作中有可能会因为能量不足而失去效用，则另外的节点将会补充进来弥补这些失效的节点，还有一些节点被调整为休眠状态，这些因素共同决定了网络拓扑的动态性。这种自组织工作方式主要包括：自组织通信，自调度网络功能以及自管理网络等。

10. 无线传感器

无线传感网中，节点的唤醒方式有以下几种：

① 全唤醒模式：这种模式下，无线传感网中的所有节点同时被唤醒，探测并跟踪网络中出现的目标。虽然这种模式下可以得到较高的跟踪精度，但是造成了网络能量的巨大消耗。

② 随机唤醒模式：这种模式下，无线传感网中的节点按给定的唤醒概率被随机唤醒。

③ 由预测机制选择唤醒模式：这种模式下，无线传感网中的节点根据跟踪任务的需要，选择性地唤醒对跟踪精度收益较大的节点，通过本拍的信息预测目标下一时刻的状态，并唤醒节点。

④ 任务循环唤醒模式：这种模式下，无线传感网中的节点周期性地处出于唤醒状态，这种工作模式的节点可以与其他工作模式的节点共存，并协助其他工作模式的节点工作。

其中由预测机制选择唤醒模式可以以较低的能量损耗获取较高的信息收益。

1.2.5　无线传感网关键技术

1. 核心技术

在确定采用无线传感网技术进行应用系统设计后，首先面临的问题在采用何种组网模式，是否有基础设施支持，是否有移动终端参与，汇报频率与延迟等，这些应用需求直接决定了组网模式。

1）组网模式

（1）扁平组网模式，即所有节点的角色相同，通过相互协作完成数据的交流和汇聚。最经典的定向扩散路由（Direct Diffusion）研究的就是这种网络结构。

（2）基于分簇的层次型组网模式，节点分为普通传感节点和用于数据汇聚的簇头节点，传感节点将数据先发送到簇头节点，然后由簇头节点汇聚到后台。簇头节点需要完成更多的工作，消耗更多的能量。如果使用相同的节点实现分簇，则要按需更换簇头，避免簇头节点因为过度消耗能量而死亡。

（3）网状网（Mesh）模式，Mesh 模式在传感器节点形成的网络上增加一层固定无线网络，用来收集传感节点数据，另一方面实现节点之间的信息通信，以及网内融合处理。

（4）移动汇聚模式，移动汇聚模式是指使用移动终端收集目标区域的传感数据，并转发到后端服务器。移动汇聚可以提高网络的容量，但数据的传递延迟与移动汇聚节点的轨迹相关。如何控制移动终端轨迹和速率是该模式研究的重要目标。

此外，还有其他类型的网络。如当传感节点全部为移动节点，通过与固定的网状网进行数据通信（移动产生的通信机会），可形成目前另一个研究热点，即机会通信模式。

2）拓扑控制

组网模式决定了网络的总体拓扑结构，但为了实现无线传感网的低能耗运行，还需要对节点连接关系的时变规律进行细粒度控制。目前主要的拓扑控制技术分为时间控制、空间控制和逻辑控制 3 种。时间控制通过控制每个节点睡眠、工作的占空比，节点间睡眠起始时间的调度，使节点交替工作，网络拓扑在有限的拓扑结构间切换；空间控制通过控制节点发送功率改变节点的连通区域，使网络呈现不同的连通形态，从而获得控制能耗、提高网络容量的效果；逻辑控制则是通过邻居表将不理想的节点排除在外，从而形成更稳固、可靠和强健的拓扑。无线传感网技术中，拓扑控制的目的在于实现网络的连通（实时连通或者机会连通）的同时保证信息的能量高效、可靠的传输。

3）媒体访问控制和链路控制

媒体访问控制（MAC）和链路控制解决无线网络中普遍存在的冲突和丢失问题，根据网络中数据流状态控制临近节点，乃至网络中所有节点的信道访问方式和顺序，达到高效利用网络容量，减低能耗的目的。要实现拓扑控制中的时间和空间控制，无线传感网的媒体访问控制层需要配合完成睡眠机制、时分信道分配和空分复用等功能。

4）路由、数据转发及跨层设计

无线传感网网络中的数据流向与因特网相反：因特网中，终端设备主要从网络上获取信息；而在无线传感网中，终端设备向网络提供信息。因此，无线传感网网络层协议设计有自己的独特要求。由于在无线传感网网络中对能量效率的苛刻要求，研究人员通常利用媒体访问控制层的跨层服务信息来进行转发节点、数据流向的选择。另外，网络在任务发布过程中一般要将任务信息传送给所有的节点，因此设计能量高效的数据分发协议也是网络层研究的重点。网络编码技术也是提高网络数据转发效率的一项技术。在分布式存储网络架构中，一份数据往往有不同的代理对其感兴趣，网络编码技术通过有效减少网络中数据包的转发次数，来提高网络容量和效率。

5）质量服务保障和可靠性设计

质量服务（QoS）保障和可靠性设计技术是传感器网络走向应用的关键技术之一。质量服务保障技术包括通信层控制和服务层控制。传感器网络大量的节点如果没有质量控制，将很难完成实时监测环境变化的任务。可靠性设计技术目的则是保证节点和网络在恶劣工作条件下长时间工作。节点计算和通信模块的失效直接导致节点脱离网络，而传感模块的失效则可能导致数据出现畸变，造成网络的误警。如何通过数据检测失效节点也是研究的关键内容之一。

2. 关键支撑技术

无线传感网的研究涉及多门学科的交叉，其关键的技术主要有：

1）定位技术

在无线传感网的很多应用中，位置信息的采集是传感器节点数据采集中不可缺少的一部分，没有位置信息的监测消息常常没有意义。能够准确获得采集数据的节点位置或事件发生的确定位置是无线传感网的基本功能之一。随机部署的传感器节点必须能够在部署后确定自己的位置。该定位信息不仅可以用来报告事件发生的位置，而且可以进行目标轨迹预测、目标跟踪、协助路由以及网络拓扑管理等。无线传感网的节点定位技术具有能量高效、自组织、分布式计算等特性，同时也具有良好的鲁棒性。节点定位的基本方法有：极大似然估计法、三边测量法、三角测量法等。

定位跟踪技术包括节点自定位和网络区域内的目标定位跟踪。节点自定位是指确定网络中节点自身位置，这是随机部署组网的基本要求。GPS技术是室外惯常采用的自定位手段，但一方面成本较高，另一方面在有遮挡的地区会失效。传感器网络更多采用混合定位方法：

手动部署少量的锚节点（携带 GPS 模块），其他节点根据拓扑和距离关系进行间接位置估计。目标定位跟踪通过网络中节点之间的配合完成对网络区域中特定目标的定位和跟踪，一般建立在节点自定位的基础上。

2）时间同步

时间同步技术是完成实时信息采集的基本要求，也是提高定位精度的关键手段。常用方法是通过时间同步协议完成节点间的对时，通过滤波技术抑制时钟噪声和漂移。最近，利用耦合振荡器的同步技术实现网络无状态自然同步方法也备受关注，这是一种高效的、可无限扩展的时间同步新技术。

无线传感网是一个分布式协同工作的网络，它要求网络中的各节点能够相互协同配合。因此时间同步是无线传感网的一个关键机制。常见的几种无线传感网同步算法有：TPSN 算法、RBS 算法、Tiny-Sync 算法、Mini-Syflc 和 LTS 算法等。

3）网络拓扑控制

拓扑控制也是无线传感网的关键技术之一，其目标是：在满足网络覆盖度以及连通度的前提下，通过功率控制与骨干网节点选择，剔除节点间不需要的无线通信链路，形成高效的数据转发和传输网络拓扑结构。好的网络拓扑结构能够明显提高路由协议和 MAC 协议的效率，能够为时间同步、数据融合和节点定位等技术奠定基础。

目前，在人们对无线传感网的研究中，如何降低节点的能量消耗和有效地利用有限的能量来延长网络生存时间一直是人们研究的热点。为了延长网络的生存时间，人们从网络的路由机制到节点的合作层面都提出了各种算法。传感器网络内数据处理、数据融合、数据中心存储等被提出并被广泛地研究。无线传感网的各个方面问题在研究时都被抽象为某一个或几个模型，各种理论研究都在这些模型条件下进行。由于无线传感网本身与应用密切的相关，各种算法的性能到底能否满足应用要求还没有一个统一的衡量标准。各种路由算法也缺乏在一个统一的仿真平台下进行性能比较。如何最有效地利用有限的能量资源也是无线传感网研究中最活跃的一个课题。各种关于无线传感网的研究都是围绕这一问题而展开的。

4）数据融合

数据融合是指将多份数据或信息进行处理，组合出更高效、更符合用户需求的数据的过程。数据融合能够节省能量、提高数据收集效率、获取更准确的信息等，但是同时也付出了延迟的代价。

5）安全技术

无线传感网不仅要进行信息的采集，而且要进行信息的融合、传输、任务的协同控制等，并且采用的是无线传输信道。这就导致传感器网络存在窃听、消息篡改、恶意路由等风险，这也成为无线传感网的一个重要问题。无线传感网需要考虑如何保证任务被执行的机密性、数据传输的安全性、数据产生的可靠性等问题。此外，无线传感网的特点使得传统网络的安全机制不能再适用，必须针对无线传感网研究专门的安全机制。安全通信和认证技术在军事和金融等敏感信息传递应用中有直接需求。由于部署环境和传播介质的开放性，传感器网络很容易受到各种攻击。但受无线传感网资源限制，直接应用安全通信、完整性认证、数据新鲜性、广播认证等现有算法存在实现的困难。鉴于此，研究人员一方面探讨在不同组网形式、网络协议设计中可能遭到的各种攻击形式；另一方面设计安全强度可控的简化算法和精巧协议，满足传感器网络的现实需求。

1.2.6 无线传感网的应用

目前，无线传感网已经获得了广泛的应用，可以说已经覆盖了社会的各个领域。其应用分为追踪和监测两类。追踪的应用有目标追踪、动物追踪、汽车追踪、人的追踪。监测应用包括室内、室外环境监测，健康状况监测，库存监测，工厂生产过程自动化，自然环境监测等方面。无线传感网应用系统结构如图 1-9 所示。

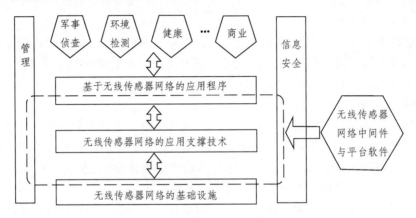

图 1-9　无线传感网应用系统结构

无线传感网应用支撑层、无线传感网基础设施和基于无线传感网应用业务层的一部分共性功能以及管理、信息安全等部分组成了无线传感网中间件和平台软件。

应用支撑层支持应用业务层为各个应用领域服务，并提供应用业务层所需的各种通用服务，在这一层中核心的是中间件软件；管理和信息安全是贯穿各个层次的保障。无线传感网中间件和平台软件体系结构主要分为四个层次：网络适配层、基础软件层、应用开发层和应用业务适配层。其中，网络适配层和基础软件层组成无线传感网节点嵌入式软件（部署在无线传感网节点中）的体系结构，应用开发层和基础软件层组成无线传感网应用支撑结构（支持应用业务的开发与实现）。在网络适配层中，网络适配器是对无线传感网底层（无线传感网基础设施、无线传感器操作系统）的封装。基础软件层包含无线传感网各种中间件。这些中间件构成无线传感网平台软件的公共基础，并提供了高度的灵活性、模块性和可移植性。

无线传感网中间件有如下几种：

① 网络中间件：完成无线传感网接入服务、网络生成服务、网络自愈合服务、网络连通等。

② 配置中间件：完成无线传感网的各种配置工作，例如路由配置，拓扑结构的调整等。

③ 功能中间件：完成无线传感网各种应用业务的共性功能，提供各种功能框架接口。

④ 管理中间件：为无线传感网应用业务实现各种管理功能，例如目录服务，资源管理、能量管理、生命周期管理。

⑤ 安全中间件：为无线传感网应用业务实现各种安全功能，例如安全管理、安全监控、安全审计。

由于无线传感网的应用前景巨大，近年来，各种新技术不断地涌现出来了。人们把它作为对新世纪影响很大的技术之一，因此研究的单位和机构也越来越多，并且在许多方面已经取得了一定的成果。各种传感器正在逐渐改变着周围的世界，使的生活变得更加适合人类的居住。无线传感网主要在以下几个方面的领域里：

1. 智能家居

一般情况下智能家居都是以布线烦琐的有线网络为主，其网络处理能力较低。传感器网络凭借自身的优势可以在家庭生活中发挥其功效。如何让无线传感网更好地应用到家居环境中并为人们提供更加舒适、智能化、人性化的家居环境是我们追求的目标。通过试验我们发现：在家用电器和家具中嵌入传感器节点，然后连接到无线网络和外部网络就可以实现这一愿望。家庭网络是研究智能家居的基础，要想实现智能家居环境必须在家庭内部大规模推广家庭网络技术，使其可以全方位的监测家庭内部信息。例如水、电、气的供给系统等，从而采取相应的控制，为此智能家居必须能够运用传感器采集各种信息，如监测暖水管爆裂、非法分子入室等。

2. 军事领域

在军事方面的应用无疑是无线传感网出现的初衷。无线传感网也最先用在军事上，主要是因为它有很多的优点比如：排列密集、低成本、随机分布的节点组成，容错性和自组织性等使整个网络不因某些节点遭受损坏，而导致整个传感器网络系统的崩溃。这些优点使得无线传感网非常适合于应用在无人监控的恶劣环境中。现在军事应用中，其中一方可以通过飞机撒播、特种炮弹发射等手段，向预定区域内散布大量微型廉价的传感器节点，来监控对方兵力、装备、物资补给等，监视冲突区，侦察对方地形和布防，侦察和探测核，定位攻击目标，生物和化学攻击，评估损失等。

在战场上，要做出正确决策指挥员往往需要及时准确地了解敌我双方的部队、武装设备和军用物资的供给情况，可以通过放置传感器节点采集相关的信息，并通过网管节点将采集到的数据送至指挥部，最后指挥部融合来自各个战场的数据形成我军完备的战区势态图，同时对冲突区和军事要地的监视也是至关重要的。通过铺设无线传感器节点，远距离观察对方的布防。当然，也可以直接将节点撒向对方阵地，以便更加及时地收集利于作战的信息。

3. 医疗健康

无线传感网在医疗领域的应用也非常广泛。比如：在智能传感器和综合微型系统（SSIM，SmartSensorsandIntegrated Microsystems）项目中，医生将 100 多个微型传感器节点植入到病人的眼中，从而帮助盲人获得一定程度的视觉。医院通过在病人身上安装某种特殊用途的传感器，如心率、血压监测设备，并利用无线传感网，将数据传送给主治医生，医生可以随时随地的了解病人的病情，如果出现紧急的情况也可以得到及时的处理。该网络还可以用于长时间的收集观察者的生理数据并且不影响观察者正常生活，通过在被监测对象身上安装微型传感器节点，对新药品的研制起到很大的作用。

4. 环境科学

随着人们生活水平的提高，人们也对环境日益关注。无线传感网在环境科学中应用所涉及的范围也越来越广泛。因地形以及其他方面的影响，用传统的方式采集原始数据是一件极其困难的工作。无线传感网的发展为获取野外随机性数据提供了方便。比如：跟踪候鸟和昆虫的迁移，观察环境变化大气和土壤的成分对农作物的影响，监测海洋等。ALERT 系统中就包含数种用于监测降雨量、土壤水分和河水水位的传感器，并依此实现对爆发山洪可能性的预测。此外，无线传感网在对森林火灾及时准确地预报、监测农作物中的害虫、施肥状况和土壤的酸碱度等方面也有广泛的用途。

5. 建筑及城市管理

无线传感器节点放置在重要的建筑物内，通过采集建筑物内的图像、温度、声音、辐射、气体、气压等参数，来监测异常事件，以便及时报警，自动启动应急救护措施。通过在房间内设置温度、湿度、空气成分、光照等传感器节点，感知室内不同部分的情况，从而实现对空调、门窗以及其他家电的自动控制，提供给人们智能、舒适的居住环境。通过在道路上配置速度识别传感器节点，监测交通和汽车违章驾驶等信息。

6. 空间探索

探索外部星球的奥秘一直是人类梦寐以求的，用航天器散播无线传感器节点可以实现对星球表面长时间的监测。美国国家航空和宇宙航行局（NASA）的喷气动力实验室（JPL，JetPropulsionLaboratory）实验室研制的传感网（Sensor Webs）就是准备将来用于火星探测的网络系统，该系统已在佛罗里达宇航中心周围的环境监测项目中进行了测试。

7. 商业应用

为了使人类的生活环境更加舒适、全面、人性化，可以把家居环境组成一个无线传感网，例如把嵌入家具家电中的传感器节点与互联网相联，同执行机构组成的无线网络结合在一起；在车辆中装入传感器节点可以组成一个巨大的无线传感网来对城市进行监测和跟踪；为了减少足球比赛中越位和进球的误判率德国某研究机构正在利用无线传感网技术为足球裁判研制一套辅助系统来解决这个问题。此外，在仓库管理、灾难拯救、交互式玩具、交互式博物馆、工厂自动化生产线等众多的领域，无线传感网领域都将产生全新的设计和应用模式。

1.3　典型短距离无线通信网络技术

1.3.1　Wi-Fi 技术

Wi-Fi（Wireless Fidelity，无线高保真）属于无线局域网的一种，通常是指符合 IEEE 802.11b 标准的网络产品，是利用无线接入手段的新型局域网解决方案。Wi-Fi 的主要特点是传输速率高、可靠性高、建网快速便捷、可移动性好、网络结构弹性化、组网灵活、组网价格较低等。

与蓝牙技术一样，Wi-Fi 技术同属于短距离无线通信技术。虽然在数据安全性方面 Wi-Fi 技术比蓝牙技术要差一些，但在电波的覆盖范围方面却略胜一筹，可达 100 m 左右，不用说家庭、办公室，就是小一点的整栋大楼也可使用。

IEEE802.11b 标准发布于 1999 年 9 月，主要目的是提供 WLAN 接入，也是目前 WLAN 的主要技术标准，它的工作频率是 2.4 GHz，与无绳电话、蓝牙等许多不需要频率使用许可证的无线设备共享同一频段，且采用加强版的 DSSS，传输率可以根据环境的变化在 11 Mb/s、5.5 Mb/s、2 Mb/s 和 1 Mb/s 之间动态切换。目前 IEEE 802.11b 标准是当前应用最为广泛的 WLAN 标准，其缺点是速度还是不够高，且所在的 2.4 GHz 的 ISM 频段的带宽比较窄（仅有

85 MHz），同时还要受到微波、蓝牙等多种干扰源的干扰。

Wi-Fi 技术的优势在于：

其一，无线电波的覆盖范围广，基于蓝牙技术的电波覆盖范围非常小，半径大约只有 15 m，而 Wi-Fi 的半径则可达 100 m 左右。最近，Vivato 公司推出了一款新型交换机，据悉，该款产品能够把目前 Wi-Fi 无线网络接近 100 米的通信距离扩大到约 6.5 公里。

其二，传输速度非常快，可以达到 11 Mb/s，符合个人和社会信息化的需求。

其三，厂商进入该领域的门槛比较低。厂商只要在机场、车站、咖啡店、图书馆等人员较密集的地方设置"热点"，并通过高速线路将 Internet 接入上述场所即可。

1.3.2 ZigBee 技术

ZigBee 与蓝牙类似，它使用 2.4 GHz 波段，采用跳频技术。与蓝牙相比，ZigBee 更简单，速率更慢，功率及费用也更低。它的基本速率是 250 kb/s，当降低到 28 kb/s 时，传输范围可扩大到 134 m，并获得更高的可靠性。另外，ZigBee 可与 254 个节点联网，联网节点多，能支持游戏、工业设备和家庭自动化应用。人们期望能在工业监控、传感器网络、家庭监控、安全系统和玩具等领域继续拓展 ZigBee 技术。

1.3.3 LoRa 无线网络技术

2013 年 8 月，Semtech 公司向业界发布了一种新型的基于 1 GHz 以下频谱的超长距低功耗数据传输技术（LoRa，Long Range）的芯片。LoRa 主要面向物联网应用，其接收灵敏度可达-148 dBm，与业界其他先进水平的 Sub-GHz 芯片相比，最高的接收灵敏度改善了 20 dB 以上，确保了网络连接的可靠性。LoRa 功耗极低，一节五号电池理论上可供终端设备工作 10 年以上。同时，LoRa 使用线性调频扩频调制技术，即可保持像频移键控（FSK，Frequency Shift Keying）调制相同的低功耗特性，又明显增加了通信距离，提高了网络效率并消除了干扰（不同扩频序列的终端即使使用相同的频率同时发送也不会相互干扰），因此在此基础上研发的集中器/网关能够并行接收并处理多个节点的数据，大大扩展了系统容量。

LoRa 作为非授权频谱的一种 LPWAN 无线技术，相比于其他无线技术（如 Sigfox、NWave 等），其产业链更为成熟、商业化应用较早。LoRa 技术经过 Semtech、美国思科、IBM、荷兰 KPN 电信和韩国 SK 电信等组成的 LoRa Alliance 国际组织进行全球推广后，目前已成为新物联网应用和智慧城市发展的重要基础支撑技术。LoRa 具备长距离、低功耗、低成本、易于部署、标准化等特点。表 1-1 为 LoRa 技术的关键特点及其对应的优势：

LoRa 采用线性扩频调制技术，高达 157 dB 的链路预算使其通信距离可达 15 km 以上（与环境有关），空旷地方甚至更远。相比其他广域低功耗物联网技术（如 Sigfox），LoRa 终端节点在相同的发射功率下可与网关或集中器通信更长距离。LoRa 采用自适应数据速率策略，最大网络优化每一个终端节点的通信数据速率、输出功率、带宽、扩频因子等，使其接收电流低达 10 mA，休眠电流小于 200 nA，低功耗从而使电池寿命有效延长。LoRa 网络工作在非授权的频段，前期的基础建设和运营成本很低，终端模块成本约为 5 美元。LoRaWAN 是联盟针对 LoRa 终端低功耗和网络设备兼容性定义的标准化规范，主要包含网络的通讯协议和系统架构。LoRaWAN 的标准化保证了不同模块、终端、网关、服务器之间的互操作性，物联网方案提供商和电信运营商可以加速采用和部署。

表 1-1　LoRa 技术关键特点及优势

关键特点	优势
157 dB 链路预算	远距离
距离＞15 km	
最小的基础设施成本	易于建设和部署
使用网关/集中器扩展系统容量	
电池寿命＞10 年	延长电池寿命
接收电流 10 mA，休眠电流＜200 nA	
免拍照的频段	低成本
基础设施成本低	
节点/终端成本低	

LoRa 网络架构是一个典型的星形拓扑结构，当实现长距离连接时，终端节点和网关可直接进行信息交互，有效减少网络复杂性和能量损耗，延长电池寿命。如图 1-10 所示，LoRa 网络架构由终端节点（内置 LoRa 模块）、网关（或集中器）、网络服务器和应用服务器四部分组成。

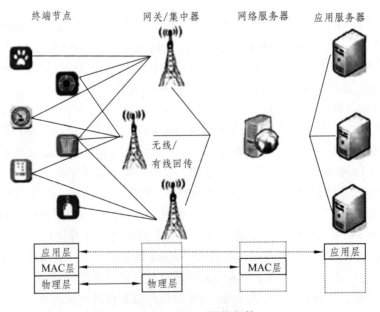

图 1-10　LoRa 网络架构

1.3.4　蓝牙技术

早在 1994 年，瑞典的爱立信（Ericsson）公司便已经着手蓝牙技术的研究开发工作，意在通过一种短程无线连接替代已经广泛使用的有线连接。

蓝牙技术是针对目前近距离的便携式器件之间的红外线链路（Infrared Link，简称 IrDA）而提出的。蓝牙的目标是提供一种通用的无线接口标准，用微波取代传统网络中错综复杂的电缆。蓝牙收/发信机采用跳频扩谱（Frequency Hopping Spread Spectrum，FHSS）技术。根据蓝牙规范 1.0B 规定，在 2.4～2.4835 GHz 之间 ISM 频带上以 1600 跳/s 的速率进行跳频，可以得到 79 个 1 MHz 带宽的信道。蓝牙支持点到点和点到多点的连接，可采用无线方式将若干蓝牙设备连成一个微微网，多个微微网又可互联成特殊分散网，形成灵活的多重微微网的拓扑结构，从而实现各类设备之间的快速通信。一个微微网内寻址 8 个设备（实际上互联的设备数量是没有限制的，只不过在同一时刻只能激活 8 个，其中 1 个为主设备，7 个为从设备）。蓝牙技术标准 1.0 的版本已由该蓝牙特殊利益集团于 1999 年 7 月 26 日正式向全世界发布。这是一个经过精心设计的、完整而全面的技术规范，它可以使计算机、通信和信息家电的生产厂家按照此技术规范真正能够开始设计和制造嵌入蓝牙技术的产品。

蓝牙技术出众的特点和优点如下：

（1）蓝牙工作在全球开放的 2.4 GHz ISM 频段。

（2）使用跳频频谱扩展技术，把频带分成若干个跳频信道（Hop Channel），在一次连接中，无线电收发器按一定的码序列不断地从一个信道"跳"到另一个信道。

（3）一台蓝牙设备可同时与其他 7 台蓝牙设备建立连接。

（4）数据传输速率可达 1 Mb/s。

（5）低功耗、通信安全性好。

（6）在有效范围内可越过障碍物进行连接，没有特别的通信视角和方向要求。

（7）组网简单方便。采用"即插即用"的概念，嵌入蓝牙技术的设备一旦搜索到另一蓝牙设备，马上就可以建立连接，传输数据。

（8）支持语音传输。

1.3.5　IrDA 技术

红外线数据协会（Infrared Data Association，IrDA）成立于 1993 年，是致力于建立红外线无线连接的非营利组织。起初，采用 IrDA 标准的无线设备仅能在 1 m 范围内以 115.2 kb/s 的速率传输数据，很快发展到 4 Mb/s，后来，速率又达到 16 Mb/s。

IrDA 技术是一种利用红外线进行点对点通信的技术，它也许是第一个实现无线个人局域网（PAN）的技术。目前它的软硬件技术都很成熟，在小型移动设备（如 PDA、手机）上广泛使用。事实上，当今每一个出厂的 PDA 及许多手机、笔记本电脑、打印机等产品都支持 IrDA 技术。IrDA 的主要优点是无须申请频率的使用权，因而红外通信成本低廉。它还具有移动通信所需的体积小、功耗低、连接方便、简单易用的特点；由于数据传输率较高，因而适于传输大容量的文件和多媒体数据。此外，红外线发射角度较小，传输安全性高。IrDA 的不足在于它是一种视距传输，2 个相互通信的设备之间必须对准，中间不能被其他物体阻隔，因而该技术只能用于 2 台（非多台）设备之间的连接。IrDA 目前的研究重点是如何解决视距传输问题及提高数据传输率。

第 2 章　　基于 Wi-Fi 技术的无线传感网

2.1　Wi-Fi 技术概述

Wi-Fi 是一个国际无线局域网（WLAN）标准，全称为 Wireless Fidelity，又称 IEEE802.11b 标准。

Wi-Fi 最早是基于 IEEE802.11 协议，发表于 1997 年，定义了 WLAN 的 MAC 层和物理层标准。

继 802.11 协议之后，相继有众多版本被推出，最典型的是 IEEE802.11a、IEEE802.11b、IEEE802.11g、IEEE802.11n，802.11 的技术转变如图所示。

WLAN 和 WI-FI 是什么关系？很多人会回答 Wi-Fi 就是 WLAN.

技术和网络概念不同，可以说通过 WI-FI 这种技术，可以快速方便的组建 WLAN。WLAN 是 WI-FI 应用的一种体现。

Wi-Fi 是用无线通信技术将计算机设备互联。Wi-Fi 局域网的本质特点：不再使用通信电缆将计算机与网络进行连接，而是用无线的方式，从而使网络的构建和终端的移动更加灵活。Wi-Fi 系统有哪些部分组成呢，这就涉及 Wi-Fi 网络拓扑结构和协议架构。

2.1.1　基于 Wi-Fi 技术网络拓扑结构

Wi-Fi 无线网络包括两种类型的拓扑形式：基础网（Infrastructure）和自组网（Ad-hoc）。两个重要的基本概念：

（1）站点（Station，STA）网络最基本的组成部分，每一个连接到无线
网络中的终端（如笔记本电脑、PDA 及其他可以联网的用户设备）、都可称之为一个站点。

（2）无线接入点（Access Point，AP）无线网络的创建者，也是网络的中心节点。一般家庭或办公室使用的无线路由器就一个 AP，如图 2-1 所示。

图 2-1　基本结构

　　如下图所示，中间的无线接入点也就是（常用的无线路由器），是一个 AP，它是有线无线互联的设备。是无线网络的创建者，也是网络的中心节点。这里的台式计算机，笔记本电脑、手机等，无线网络中的终端、都是 STA（站点）。

　　1. 网络拓扑结构–基础网（Infrastructure）

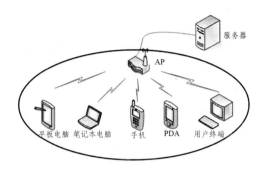

图 2-2　基础网

　　如图 2-2 所示，是由 AP 创建，众多 STA 加入所组成；AP 是整个网络的中心；各 STA 间不能直接通信，需经 AP 转发，是基于 AP 组建的基础无线网络。

　　WLAN 网络的基本元素——BSS（Basic Service Set），如图 2-3 所示。

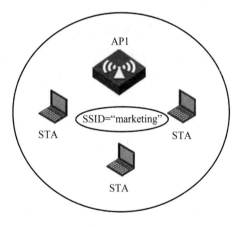

图 2.3　BSS

　　基本单元是 BSS（Basic Service Set），由 1 个 AP 设备和 1 个及以上的 STA（站点）组成，BSS（基本服务集）中，设备通过 AP 创建的 SSID（也就是网络名称）进行连接，SSID 是英文 Service Set ID（服务集识别码）的缩写。

　　WI-FI 网络成员有 STA（站点）和 BSS（基本服务集），特别提醒 AP 是一种特殊的能提供 DS（分发系统的）STA（站点），多个 BSS 组成了 ESS（扩展服务集）。

　　2. 网络拓扑结构–自组网

　　网络拓扑结构中的自组网（Ad-hoc）如下图 2-4 所示，和基础网不同，网络中没有网络接入点（AP），仅由两个及以上 STA 组成。各设备自发组网，设备之间是对等的网络中所有的 STA 之间都可以直接通信，不需要转发。

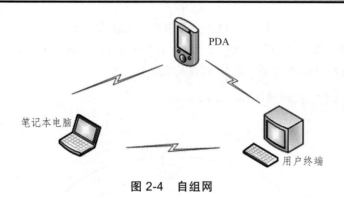

图 2-4　自组网

下图 2-5 是一个 IBSS（Independent BSS）

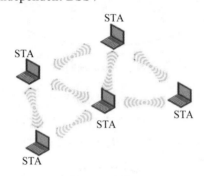

图 2-5　IBSS

IBSS（Independent Basic Service Set）独立基本服务集，IBSS 是一种无线拓扑结构，IEEE802.11 标准的模式·IBSS 模式，又称作独立广播卫星服务，也称为特设模式，是专为点对点连接。

IBSS 模式没有无线基础设施骨干，但至少需要 2 台 wireless station。特设模式，让用户自发地形成一个无线局域网。为了分享文件，可以轻易把手上网卡，以特设方式，在会议室迅速建立一个小型无线局域网。

2.1.2　Wi-Fi 协议体系与信道

1. 协议体系

Wi-Fi 的协议体系遵循 OSI 参考模型，也就是 7 层协议模型，如图所示，在实现的时，应用层、传输层、网络层通过软件实现；数据链路层和物理层通过硬件实现。如图 2-6 所示。

物理层：802.11b 定义了工作在 2.4 GHz ISM 频段上数据传输率为 11 Mb/s 的物理层，使用跳频扩频传输技术（FHSS，Frequency-Hopping Spread Spetrum）和直接序列扩频传输技术（DSSS，DirectSequenceSpreadSpectrum）。

MAC 层：MAC 层提供了支持无线网络操作的多种功能。通过 MAC 层站点可以建立网络或接入已存在的网络，并传送数据给 LLC 层。LLC 层：IEEE802.11 使用与 IEEE802.2 完全相同的 LLC 层和 48 位 MAC 地址，这使得无线和有线之间的桥接非常方便。但 MAC 地址只对 WLAN 唯一确定。

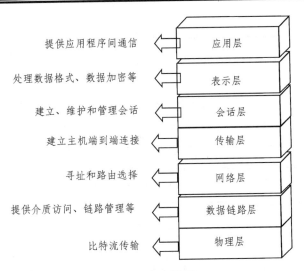

图 2-6　OSI 参考模型

提供应用程序间通信　←　应用层
处理数据格式、数据加密等　←　表示层
建立、维护和管理会话　←　会话层
建立主机端到端连接　←　传输层
寻址和路由选择　←　网络层
提供介质访问、链路管理等　←　数据链路层
比特流传输　←　物理层

网络层：采用 IP 协议，是互联网中最重要的协议，规定了在互联网上进行通信时应遵守的准则。

传输层：采用 TCP/UDP 协议，TCP 是面向连接的协议，可以提供 IP 环境下的可靠传输；UDP 是面向非连接的协议，不为 IP 提供可靠性传输。对于高可靠要求的应用，传输层一般采用 TCP 协议。

应用层：根据应用需求实现，如 HTTP 协议、域名解析协议。

2. Wi-Fi 信道

Wi-Fi 信道也称作通道、频段，是以无线信号作为传输载体的数据信号传送通道。无线信道不是独占的，而是所有通信中的 AP 公用的。相同信道上工作的 AP 会降低吞吐量。IEEE802.11n 就是在 IEEE802.11g 的基础上，把马路的宽度增加一倍，同时又缩短了前后车辆的车距，才获得了更高的数据吞吐量。

实际的 2.4 GHz Wi-Fi 信道使用规定因国家不同而有所差异：

美国标准——11 信道；欧洲标准——13 信道；日本标准——14 信道；

常用的一种 2.4 GHz 信道划分如表 2.1 所示。

表 2.1　频率划分

信道	中心频率	频率范围（MHz）
1	2 412	2 401～2 423
2	2 417	2 106～2 428
3	2 422	2 411～2 433
4	2 427	2 416～2 438
5	2 432	2 421～2 443
6	2 437	2 426～2 448
7	2 442	2 431～2 453
8	2 447	2 436～2 458

续表

信道	中心频率	频率范围（MHz）
9	2 452	2 441 ~ 2 463
10	2 457	2 446 ~ 2 468
11	2 462	2 451 ~ 2 473
12	2 467	2 456 ~ 2 478
13	2 472	2 461 ~ 2 483

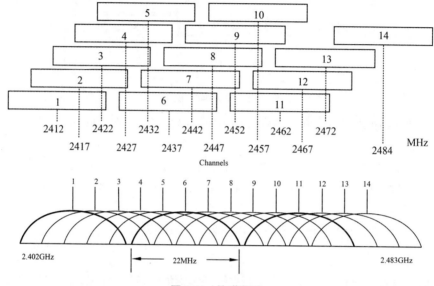

图 2-7　信道划分

从图 2-7 中可以看出,每个信道带宽为 22 MHz,其中有效宽度是 20 MHz,另外还有 2 MHz 的强制隔离频带。相邻的信道间有重叠,尽量不要同时使用,以免造成干扰。3 个不重叠的信道:1、6、11;2、7、12;3、8、13。1 ~ 13 个信道的中心频率:[2414+（n-1）×5]MHz。

2.4GHz 频段由于使用 ISM 频段,干扰较多。目前很多 Wi-Fi 设备开始使用 5.8 GHz 附近（5.725 ~ 5.850 GHz）的频带,可用带宽为 125 MHz。该频段共划分为 5 个信道,每个信道宽度为 20MHz,每个信道与相邻信道都不发生重叠,因而干扰较小。

缺点:5.8 GHz 频率较高,在空间传输时衰减较为严重。如果距离稍远,性能会严重降低。

互联网时代,移动设备取代各种银行卡,完成转账、支付等功能,安全性显得特别突出,下面介绍 Wi-Fi 网络安全机制。

2.1.3　Wi-Fi 网络安全机制

与有线网络不同,理论上无线电波范围内的任何一个站点都可以监听并登录无线网络,所有发送或接收的数据、都有可能被截取。

为了使授权站点可以访问网络而非法用户无法截取网络通信,无线网络安全就显得至关重要。

安全性主要包括访问控制和加密两大部分.

访问控制：保证只有授权用户才能访问敏感数据加密，保证只有正确的接收方才能理解数据，两者都通单独设置。加密方式为根据 SSID 名称进行接入限制，由隐藏 SSID 的参数完成。

Wi-Fi 网络安全机制的访问控制在用户接入过程实现；加密在认证和加密阶段实现。

用户接入过程通常按下述 4 个步骤进行：（用户接入过程图片+字幕）

1. 发现可用网络；

2. 选择网络

3. 认证

4. 关联

如手机接入 Wi-Fi 过程为例，

1. 发现可用网络，打开手机设置的 Wi-Fi 接入功能，刷新下，会出现附近无线网络的名称，这就是通过无线扫描方式，发现网络过程。

2. 选择网络，根据手机找到的 SSID（网络名称），选择信号最强的或最近使用过的 AP，输入 SSID（网络名称）对应的密码，进入认证阶段。

3. 认证，手机（STA）向（路由器）AP 证明其身份的过程，也就是选择网络时，判断输入的密码，不正确，网络断开。如果正确，进行关联，手机响 AP 发送关联请求帧。

4. 关联，就是（路由器）AP 将用户信息添加到数据库，向用户回复关联响应，此过程也常被称为注册。

关联建立后，便可以传输数据。

认证和加密过程，就是手机在开热点的时候，用不用密码，如果不用密码，认证和加密的机制 Open System，完全不认证也不加密，任何人都可以连到无线基地台使用网络。

用密码，机制可以选择 WEP 有线等效加密，最基本的加密技术，或者选择 WPA/WPA2（Wi-Fi Protected Access），Wi-Fi 保护访问，WPA2 是 WPA 的加强版，替代传统的 WEP 安全技术，现在手机设置热点的密码，都用 WPA2-PSK 加密。其他机制还有 WPS、MAC 地址过滤、SNMP 协议等

2.2　Wi-Fi 网络结构与服务

2.2.1　Wi-Fi 网络拓扑结构

根据无线接入点（AP）的功能用途的不同，Wi-Fi 可以实现不同的组织网络的方式。目前的组网方式有点对点模式、基础架构模式、多 AP 模式、无线网桥模式和无线中继器模式五种。

1. 点对点模式 Adhoc（Peer-to-Peer）

点对点模式是由无线站点所组成的，适用于一台无线站点喝令一台无线站点的直线之间的通信，这种网络无法接入到有线网络中，只能够独立地去使用。无需 AP，安全是由每个客户端自行维护的。点对点模式其中的一个节点必须能够同时"看"到网络中的其他节点，不然的话就认为网络中断，所以对等网络只能是适用于很少的用户的组网环境。对于点对点模

式的介绍如图 2-8 所示。

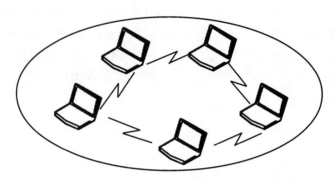

图 2-8　点对点模式

Adhoc 网络的前身是分组无线网（Packet Radio Network）。对分组无线网的研究源于军事通信的需要，并已经持续了近 20 年。早在 1972 年，美国 DARPA（Defense Advanced Research Project Agency）就启动了分组无线网（PRNET，Packet Radio NETwork）项目，研究分组无线网在战场环境下数据通信中的应用。项目完成之后，DARPA 又在 1993 年启动了高残存性自适应网络（SURAN，Survivable Adaptive Network）项目。该项目研究如何将 PRNET 的成果加以扩展，以支持更大规模的网络，还要开发能够适应战场快速变化环境下的自适应网络协议。1994 年，DARPA 又启动了全球移动信息系统（GloMo，Globle Mobile Information System）项目。在分组无线网已有成果的基础上对能够满足军事应用需要的、可快速展开、高抗毁性的移动信息系统进行全面深入的研究，并一直持续至今。1991 年成立的 IEEE802.11 标准委员会采用了"Adhoc 网络"一词来描述这种特殊的对等式无线移动网络。

在 Adhoc 网络中，结点具有报文转发能力，结点间的通信可能要经过多个中间结点的转发，即经过多跳（Mult-iHop），这是 Adhoc 网络与其他移动网络的最根本区别。结点通过分层的网络协议和分布式算法相互协调，实现了网络的自动组织和运行。因此它也被称为多跳无线网（Multi-Hop Wireless Network）、自组织网络（Self-Organized Network）或无固定设施的网络（Infrastructureless Network）。

Adhoc 网络是一种特殊的无线移动网络。网络中所有结点的地位平等，无需设置任何的中心控制结点。网络中的结点不仅具有普通移动终端所需的功能，而且具有报文转发能力。与普通的移动网络和固定网络相比，它具有以下特点：

1）无中心

Adhoc 网络没有严格的控制中心，所有结点的地位平等，是一个对等式网络。结点可以随时加入和离开网络。任何结点的故障不会影响整个网络的运行，具有很强的抗毁性。

2）自组织

网络的布设或展开无需依赖于任何预设的网络设施。结点通过分层协议和分布式算法协调各自的行为，结点开机后就可以快速、自动地组成一个独立的网络。

3）多跳路由

当结点要与其覆盖范围之外的结点进行通信时，需要中间结点的多跳转发。与固定网络的多跳不同，Adhoc 网络中的多跳路由是由普通的网络结点完成的，而不是由专用的路由设备（如路由器）完成的。

4）动态拓扑

Adhoc 网络是一个动态的网络。网络结点可以随处移动，也可以随时开机和关机，这些都会使网络的拓扑结构随时发生变化。这些特点使得 Adhoc 网络在体系结构、网络组织、协议设计等方面都与普通的蜂窝移动通信网络和固定通信网络有着显著的区别。

2. 基础架构模式

无线接入点（AP）、无线站点（STA）以及分布式系统（DS）组成了基础构架模式。无线 hub 是无线接入点的另一种称呼方式，它的主要功能是完成无线站点和有线网络之间的通信。无线 hub 一般可以覆盖十几到几百的用户，它的覆盖半径可以达到上百米，并且能够与有线网络进行连接，负责有线网络与无线网络的相连，它的介绍如图 2-9 所示。

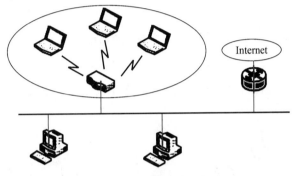

图 2-9　基础架构模式

基本服务集网络要求有一个接入点作为连接中心，所有的工作站对网络的访问均由接入点控制。在接入点的覆盖范围内，所有连接到该接入点的工作站组成一个基本服务集 BSS，基本服务集中的所有数据传输都需要接入点的进行转发。使用接入点的 MAC 地址作为网络的 BSSID，工作站要想获取网络的服务必须与接入点建立关联，并且一个工作站只能同时与一个接入点连接。

3. 多 AP 模式

很多个 AP 和连接它们的 DS 所组成的基础架构模式的网络就是多 AP 模式，通常也被称作扩展服务集（ESS）。扩展服务集内每一个 AP 都是一个独立的无线网络基本服务集（BSS），所有的 AP 都共享同一个扩展服务区标示符（ESSID）。但是分布式系统（DS）在 IEEE802.11 标准中并没有给出定义，目前大多都是指以太网。相同的 ESSID 的无线网络之间都可以进行漫游，不相同 ESSID 的无线网络形成逻辑子网。多 AP 模式的组网如图 2-10 所示。

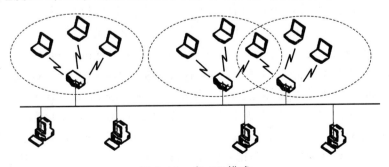

图 2-10　多 AP 模式

4. 无线网桥模式

无线网桥模式利用的是一对 AP 连接两个有线或者 Wi-Fi 网段，无线网桥模式的组网图如图 2-11 所示。

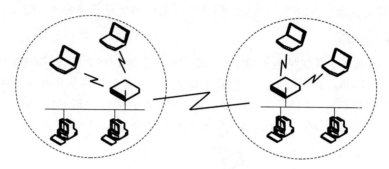

图 2-11   无线网桥模式

5. 无线中继器模式

无线中继是被用于通信路径中间转发数据，这样就延伸了系统的覆盖范围。无线中继器模式的组网图如图 2-12 所示。

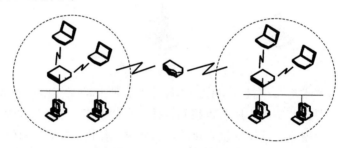

图 2-12   无线中继器模式

2.2.2   Wi-Fi 的基本服务介绍

IEEE802.11b 体系结构允许分布式系统可以不同于现有有线局域网，可以使用不同的技术包括当前 IEEE802 有线局域网技术来构建分布式系统，不限制分布使系统是基于数据链路层还是基于网络层，也不限制分布式系统是集中式的还是分布式的。

IEEE802.11b 并没有明确指定分布式系统实现细节，取而代之的是详细说明了网络服务。这些服务与 IEEE802.11 体系结构的不同构件有关，这些服务可以被分为两类：STA 服务（SS）和 DS 服务（DSS），这两类服务由 IEEE802.11b 的 MAC 层使用。

STA 服务包括认证（Authentication）、解除认证（Deauthentication）、加密（Privacy）和媒介访问控制服务数据单元交付（MSDUdelivery）；DS 服务包括关联（Association）、重新关联（Reassociation）、分离（Disassociation）、分发（Distribution）和整合（Integration）。

IEEE802.11n 标准高吞吐量上有比较大的突破，计划将无线局域网的传输速率从 IEEE802.11g 的 54 Mbps 增加到 108 Mbps 以上，是下一代无线网络技术的标准，可支持对带宽最为敏感的应用所需的速率、范围和可靠性。该标准结合了多种技术，其中包括空间多路复用多入多出（SpatialMultiplexing）、20 和 40 MHz 信道、双频带（2.4 GHz 和 5 GHz）和智能天线技术，以便形成很高的速率，同时又能够与 IEEE802.11 b/g 设备兼容。

　　为了提高网络的吞吐量，该标准还对 IEEE802.11 标准的单一 MAC 层协议进行优化，改变了数据帧结构，增加了净负载所占的比重，减少管理检错所占的字节数，大大提升了网络的吞吐量。同时该标准使用智能天线技术，通过多组独立天线组成的天线阵列系统，动态调整波束的方向，保证用户能够接收到稳定的信号，有效减少其他噪音信号的干扰，使无线网络的传输距离能够增加到数千米。该标准还采用软件无线电技术，解决不同标准采用不同的工作频段、不同的调制方式，造成系统间难以互通，移动性差的问题。软件无线电技术是一个完全可编程的硬件平台，所有的应用都可通过该平台的软件编程实现，不同系统的基站和移动终端都可以通过这一平台的不同软件实现互通和兼容，使得无线局域网的兼容性得到极大的改善。同时该标准采用智能天线技术，通过多组（一般为 3 根天线）独立天线组成的天线阵列，可以动态调整波束，以使每个用户都获得最大的主瓣，并尽可能减少旁瓣的干扰。这样不仅能够增强信号的抗干扰能力，同时也能够提高系统容量，将无线局域网传输距离扩大到数千米并且保障不低于 108Mb/s 的速率。

1. 站点服务（SS）

　　认证服务是 IEEE802.11 提供局域网访问控制的手段，能够被所有工作站用来确定与其通信的对方站点的身份，任何一个站点必须首先证明了自己的身份之后才允许发送数据。

　　IEEE802.11 支持几种认证过程，认证机制允许对受支持的认证方案进行扩展，并且不强制使用特定的认证方案。IEEE802.AA 提供工作站之间的链路级认证，不提供端到端之间（消息源到消息目的地）的认证，也不提供用户到用户之间的认证。认证是关联的必要前提，只有经过认证的用户才能使用网络，工作站在与无线网络连接的过程中可能要经过多次身份验证。

　　解除认证服务是为了结束一段身份验证关系。解除认证无须请求，只是一个通知，不可被参与的任何一方拒绝。由于认证是关联的先决条件，所以解除认证的动作会导致工作站的关联被拆除，即工作站收到解除认证的通知后双方之间的关联就被终止。

　　加密服务是为了使无线局域网有与有线局域网相同的安全性而由工作站提供的服务，一般由有线等效加密协议（WEP）提供。只是对数据帧和某些鉴权管理帧才会使用加密服务，所有的工作站都是在“透明信息状态"开始工作的。如果这种默认状态未被另一方工作站所接受，那么在 LLC 实体之间就不能成功地进行数据帧通信。被强制在加密方式下工作的一个工作站接收到未加密的数据帧，然后使用本接收站点无效的密钥对数据进行解密，最后该数据帧因为不能解密而被丢弃，而且该数据帧的丢弃对 LLC 没有任何指示。

　　媒介访问控制服务数据单元交付服务负责将数据传送到实际的数据接收端，提供一种传送和接收数据的方法。由于 IEEE802.11 参考了以太网的模型，而以太网的传输过程并不保证完全可靠，所以 IEEE802.11 的传输过程也不保证可靠性。上面的层处理检错和纠错工作。

2. 分发系统服务（DSS）

　　关联服务是用来建立接入点与特定工作站之间映射关系，分布式系统利用这种映射关系来完成消息的分发服务。典型情况下，当一个移动站进入到一个基站的无线电距离范围之内的时候，这种服务就会被用到。一旦一个关联被建立，工作站就可以通过接入点充分利用分布式系统进行通信。关联总是由移动工作站来初始化的，而不是由接入点来初始化的。一个接入点可以在同一时刻与多个工作站相互关联，一个工作站知道接入点当前的情况，可以通过调用关联服务来申请建立一个关联。

重新关联服务是用来变更接入点与特定移动工作站间的关联，把当前的一个关联从一个接入点"搬移"到另一个接入点。当移动工作站在同一个 ESS 里的不同 BSS 之间移动时，它会根据信号强度切换所关联的接入点。重新关联也能改变一个已建立关联的关联属性，同时工作站保留与同一个接入点的相互关联。重新关联也总是由移动工作站来初始化。

分离服务用来从网络移除无线工作站，工作站用以结束现有关联关系。一个工作站在离开或者关闭之前需要终止当前关联，应该先使用这项服务。去关联服务可以由相互关联的任何一方调用，去关联是一个通知，而不是一个请求，不能够由相互关联的一方拒绝。分发服务是 IEEE802.11b 工作站使用的主要服务，当通过分布式系统发送数据消息帧时，对于一个正在运行的扩展基本服务集中运行的工作站，输入该工作站或者从该工作站输出的每个数据消息都需要调用分发服务。这项服务决定了如何路由那些发送给基站的帧，如果帧的目标对于基于基站来说是本地的，则将该帧直接发送到空中，否则的话，它们必须通过有线网络来转发。

IEEE802.11 没有规定消息如何在分发系统中被分发，只是要求 IEEE802.11 完成的全部任务就是为分发系统提供足够的信息，以便使分发系统能够根据预定的接收方找到相应的消息输出点，然后经过该输出点就可以找到预定的接收方。

整合服务被用来将帧传送到一个非 IEEEIEEE802.11 网络，并且该网络使用了不同的编址方案或者不同的帧格式，则通过这项服务可以将 IEEE802.11 格式的帧翻译成目标网络所要求的帧格式。由分布式系统提供服务，其功能因分布式系统而异，细节依赖特定的分布式系统实现。

2.2.3　Wi-Fi 的关键技术

Wi-Fi 是一种能够支持较高数据传输速率的自主管理的计算机局域网络，它具有三种关键技术：DSSS/CCK 技术、PBCC 技术、OFDM 技术。每种技术都很有特点，当前还是以调制扩频技术为主流，而 OFDM 技术由于其优越的传输性已经成为了人们所关注的焦点。

1. DSSS 调制技术

基于 DSSS 的调制技术一共有三种：起初，IEEE802.11 标准制定在数据速率为 1 Mb/s 下采用 DBPSK；如果是提供数据速率为 2 Mb/s 就要使用 DQPSK，这种方法每次处理两个比特的码元，成为双比特；第三种是基于 CCK 的 QPSK，是 IEEE802.11b 标准的基本数据调制方式。它采取了补码序列与直接序列扩频技术，通过 PSK 方式传输数据，传输速率分别是 1 Mb/s、2 Mb/s、5.5 Mb/s、以及 11 Mb/s。CCK 通过与接收端的 Rake 接收机配合使用，能够在高效率传输数据的同时有效地克服多径效应。

2. PBCC 调制技术

PBCC 调制技术是有 TI 公司所提出来的，已经被 IEEE802.11g 的可选项所采纳。PBCC 也是单载波调制，但它与 CCK 不相同，它利用了更多的信号星座图。PBCC 可以完成更高的速率传输。

3. OFDM 技术

OFDM 技术其实是多载波调制（MCM，Multi-CarrierModulation）其中的一种。它的主要含义是：将信道分割成为多个正交的子信道，这样窄带调制和传输就在每个子信道上进行，大大降低子信道之间的相互干扰。

2.3　Wi-Fi 模板-ESP8266

Wi-Fi 技术组网选择了最常用的芯片 ESP8266，1 块芯片价格在 10 元左右，需用 1 根串口线，与电脑的 USB 接口连接。串口线如图所示

图 2-13　串口线

该模块是价格比较便宜且集成 MCU 的 WI-FI 芯片具有双排（2×4）插针，除了自带的运行程序外，还剩余了 50k 给开发者；它带有 SDIO 接口、SPI 接口、GPIO 接口、I2C 接口，GPIO 口有 PWM 的复用功能，实际还有两个 UART 口，使用 Wi-Fi 模块，传统的串口设备也能轻松接入无线网络。

图 2-14　ESP8266 实物芯片

2.3.1　Wi-Fi 模块--ESP8266 介绍及测试

ESP8266 芯片硬件连接如图 2-15 所示。

图 2-15　硬件图

芯片是从 FLASH 启动进入 AT 系统，只需 CH-PD 引脚接 VCC 或接上拉（不接上拉的情况下，串口可能无数据），其余三个引脚可选择悬空或接 VCC。

GPIO0 为高电平代表从 FLASH 启动，GPIO0 为低电平代表进入系统升级状态，此时可以经过串口升级内部固件。

RST（GPIO16）可做外部硬件复位使用。

现在通过 4 个步骤验证 ESP8266 芯片的完好性。接下来详细介绍这四步。

1. 接线

测试系统不同，接线方法也选择多多，请各位根据自己的情况进行选择。

推荐接法：在 CH-PD 和 VCC 之间焊接电阻后，将 UTXD，GND，VCC，URXD 连上 USB-TTL（两者的 TXD 和 RXD 交叉接）即可进行测试。

2. 上电测试

上电后，蓝色灯微弱闪烁后熄灭，红灯长亮

3. 正常工作验证

ESP8266 模块可以工作在三种模式：1. STA 2. AP 3. AP+STA，出厂设置为第三种。正常工作验证可分为 3 步。

（1）使用串口助手 USR-TCP232-Test.exe 进行测试（任何串口助手都行），打开 USR-TCP232-Test.exe。

（2）选择串口线连接电脑后，电脑显示的串行端口 COM，如 COM1、COM2 等，设置参数波特率，一般在出厂情况下默认的是 115200。如果在 115200 情况下收到的是乱码可以试试其他波特率。数据位选择 8 位，停止位 1 位，无校验位。

（3）重启模块

发送命令：AT+RST（执行指令）

指令：AT+RST

响应：OK

在输入命令后必须再按一下回车键，然后再按发送！如图 2-16 所示。

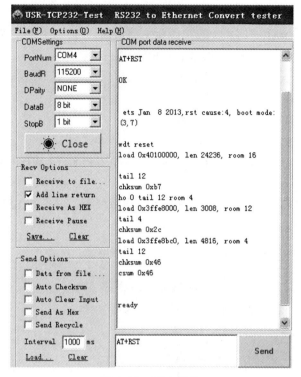

图 2-16 重启模块

4.Wi-Fi 模块作为接入点（AP）模式网络验证

Wi-Fi 模块作为接入点（AP）模式网络验证共 6 步进行：

（1）重启模块

发送命令：AT+RST（执行指令）

指令：AT+RST

响应：OK

（2）设置模块

发送命令：AT+CWMODE=3 或 AT+CWMODE=2（设置指令）

指令：AT+CWMODE=<mode>

说明：<mode>：1-Station 模式，2-AP 模式，3-AP 兼 Station 模式

响应：OK

说明：需重启后生效（AT+RST）

（3）配置 AP 参数

发送命令：AT+CWSAP="TEST"，"123456123456"，1，3（设置指令

指令：AT+ CWSAP= \<ssid\>，\<pwd\>，\<chl\>，\<ecn\>

说明：指令只有在 AP 模式开启后有效

\<ssid\>：字符串参数，接入点名称

\<pwd\>：字符串参数，密码最长 64 字节，ASCII

\<chl\>：通道号

\< ecn \>：0-OPEN，1-WEP，2-WPA_PSK，3-WPA2_PSK，4-WPA_WPA2_PSK

响应：OK

（4）：搜索无线网络，刷新手机或者电脑无线网络列表，可见到 SSID 为 TEST 的无线网络列于其中，如图所示。

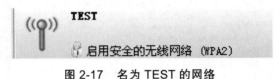

图 2-17　名为 TEST 的网络

（5）查看已接入设备的 IP

连接上 TEST 后，发送命令：AT+CWLIF（执行指令）

指令：AT+CWLIF

说明：查看已接入设备的 IP

响应：\<ip addr\>

OK

说明：\<ip addr\>：已接入设备的 IP 地址

```
AT+CWLIF
192.168.4.100

OK
```

如果返回命令如下：

```
AT+CWLIF

OK
```

表示网络成功建立，目前无设备连入。

如果无线网络实际已连接上，请等待几分钟后再发送 AT+CWLIF 命令进行查询。

（6）查询本机 IP 地址

发送命令：AT+CIFSR（执行指令）

指令：AT+CIFSR

说明：查看本模块的 IP 地址

注意：AP 模式下无效！会造成死机现象！

响应：\<ip addr\>

说明：<ip addr>：本模块 IP 地址

```
AT+CIFSR
192.168.4.1
```

查看本机配置模式：CWMODE=2，为 AP 模式。

发送命令：AT+CIFSR=?（测试指令），返回响应如下

```
AT+CIFSR=?

OK
```

同样未出现死机现象。

2.3.2　Wi-Fi 站点（STA）模式网络连接

Wi-Fi 模板作为（AP）模式时，相当于是路由器，为大家提供无线接入点，提供网络。与作为 AP 时不同，Wi-Fi 模板作为站点（STA）时，是终端，需要加入其他网络。

Wi-Fi 站点（STA）模式网络连接包括 3 部分：

1. 建立 STA 网络连接

2. Wi-Fi 模块作为服务器（Server）数据收发

3. Wi-Fi 模块作为客户端（Client）数据收发

1. 建立 STA 网络连接

建立 STA 网络连接包括 4 步：

第 1 步重启模块，发送命令：AT+RST

第 2 步设置模块模式，发送命令：AT+CWMODE=3 或 AT+CWMODE=1（设置指令）

第 3 步查看当前无线路由器列表，发送命令：AT+CWLAP（执行指令）

解释下指令：AT+CWLAP

响应：正确：（终端返回 AP 列表）

+ CWLAP: <ecn>, <ssid>, <rssi>

OK

错误：ERROR

说明：< ecn >：0-OPEN，1-WEP，2-WPA_PSK，3-WPA2_PSK，4-WPA_WPA2_PSK

<ssid>：字符串参数，接入点名称

<rssi>：信号强度

如图 2-18 所示：

注：如搜索不到信号，响应 ERROR：请重新上电并严格按照 AT 命令再发送一遍。

第 4 步加入当前无线网络

发送命令：AT+CWJAP="TP-LINK_shz"，"XXXXXXXX"（设置指令）

指令：AT+CWJAP=<ssid>, < pwd >

说明：<ssid>：字符串参数，接入点名称

<pwd>：字符串参数，密码，最长 64 字节 ASCII

```
AT+CWLAP

+CWLAP: (0, "", 0)
+CWLAP: (0, "CMCC-FREEGAME", -82)
+CWLAP: (4, "shiningwuxi", -91)
+CWLAP: (4, "TP-LINK_shr", -72)
+CWLAP: (0, "CMCC", -85)
+CWLAP: (1, "TP-LINK_lq", -79)

+CWLAP: (2, "ChinaNet-emrG", -53)
+CWLAP: (2, "iTV-emrG", -55)
+CWLAP: (4, "908", -89)
+CWLAP: (4, "AFD", -65)
+CWLAP: (4, "MERSAIN", -55)
+CWLAP: (4, "FAST_DACD2C", -94)
+CWLAP: (0, "CMCC-AUTO", -85)
+CWLAP: (2, "Tenda_33017O", -83)
+CWLAP: (0, "CMCC-FREEGAME", -85)
```

图 2-18　搜索附近无线信号

响应：正确：OK

错误：ERROR

检测是否真的连上该路线网络，发送命令：AT+CWJAP?（查询指令）

指令：AT+CWJAP?

响应：返回当前选择的 AP

+ CWJAP：<ssid>

OK

说明：<ssid>：字符串参数，接入点名称

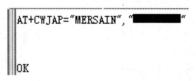

```
AT+CWJAP="MERSAIN", "▇▇▇▇▇▇"

OK
```

断电。上电后发送 AT+CWJAP?返回同上，系统保持上次的状态。

查看模块 IP 地址

发送命令：AT+CIFSR（执行指令）

指令：AT+CIFSR

响应：正确：+ CIFSR：<IP address>

OK

错误：ERROR

```
AT+CIFSR
192.168.1.102
```

连接网络后，Wi-Fi 模块可以作为服务器也可以作为站点，接下来实例作为服务器数据收发。

2. Wi-Fi 模块作为服务器（Server）数据收发

Wi-Fi 模块作为服务器（Server）数据收发包括以下（0-6）步骤：

（1）查询此时模块状态（该步骤可省略）

发送命令　AT+CWMODE?（查询指令）

指令：AT+CWMODE?

说明：查看本模块的 WI-FI 应用模式

响应：+CWMODE：<mode>

OK

说明：<mode>：1-Station 模式，2-AP 模式，3-AP 兼 Station 模式

```
AT+CWMODE?
+CWMODE:2

OK
```

发送命令 AT+CIPMUX?（查询指令）

指令：AT+CIPMUX?

说明：查询本模块是否建立多连接

响应：+ CIPMUX：<mode>

OK

说明：<mode>：0-单路连接模式，1-多路连接模式

```
AT+CIPMUX?
+CIPMUX:0

OK
```

发送命令 AT+CIPMODE?（查询指令）

指令：AT+CIPMODE?

说明：查询本模块的传输模式

响应：+ CIPMODE：<mode>

OK

说明：<mode>：0-非透传模式，1-透传模式

```
AT+CIPMODE?
+CIPMODE:0

OK
```

发送命令 AT+CIPSTO?（查询指令）

指令：AT+CIPSTO?

说明：查询本模块的服务器超时时间

响应：+ CIPSTO：<time>

OK

说明：<time>：服务器超时时间，0～2880，单位为 s

```
AT+CIPSTO?
+CIPSTO:180

OK
```

（2）开启多连接模式

发送命令：AT+CIPMUX=1（设置指令）

指令：AT+CIPMUX=<mode>

说明：<mode>：0-单路连接模式，1-多路连接模式

响应：OK

```
AT+CIPMUX=1

OK
```

查询可知，设置成功

```
AT+CIPMUX?
+CIPMUX:1

OK
```

（3）创建服务器

发送命令：AT+CIPSERVER=1，8080（设置指令）

指令：AT+CIPSERVER=<mode>[，<port>]

说明：<mode>：0-关闭 server 模式，1-开启 server 模式

<port>：端口号，缺省值为 333

响应：OK

说明：（1）AT+ CIPMUX=1 时才能开启服务器；关闭 server 模式需要重启

（2）开启 server 后自动建立 server 监听，当有 client 接入会自动按顺序占用一个连接。

开启 server 服务如下图所示：

```
AT+CIPSERVER=1,8080

OK
```

关闭 server 服务如下图所示：

```
AT+CIPSERVER=0
we must restart

AT+RST

OK
```

打开 USR-TCP232-Test.exe，点击 Connect 按钮连接不上，可知 server 服务未开启，如图 2-19 所示。

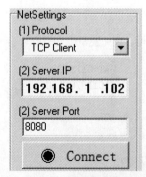

图 2-19　连接 Wi-Fi 模块建立的服务端

重新开启 server 服务（注意：之前需要再发送一遍 AT+CIPMUX=1 以重新开启多连接模式）。
点击 Connect 按钮，成果连接如图 2-20 所示。

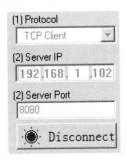

图 2-20　Connect 连接成功

连接成功后，串口收到模块返回的数据串：Link

180S（默认值）后，连接自动断开，返回 Unlink，客户端的相应按钮变成灰色。
全过程如下所示。

```
AT+CIPMUX=1

OK

AT+CIPSERVER=1,8080

OK

Link

Unlink
```

（4）设置服务器超时时间

发送命令 AT+CIPSTO=2880（设置指令）

指令：AT+CIPSTO=<time>

说明：<time>：服务器超时时间，0 ~ 2880，单位为 s

响应：OK

```
AT+CIPSTO=2880

OK
```

（5）建立客户端

客户端连接服务器界面设置如图 2-21 所示。

（6）查看当前连接

发送命令 AT+CIPSTATUS（执行指令）

指令：AT+CIPSTATUS

响应：STATUS: <stat>

+ CIPSTATUS: <id>, <type>, <addr>, <port>, <tetype>

OK

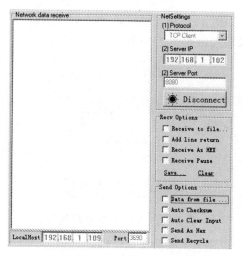

图 2-21　客户端连接服务器

说明：<id>：连接的 id 号 0-4

<type>：字符串参数，类型 TCP 或 UDP

<addr>：字符串参数，IP 地址

<port>：端口号

<tetype>：0-本模块做 client 的连接，1-本模块做 server 的连接，如图 2-22 所示。

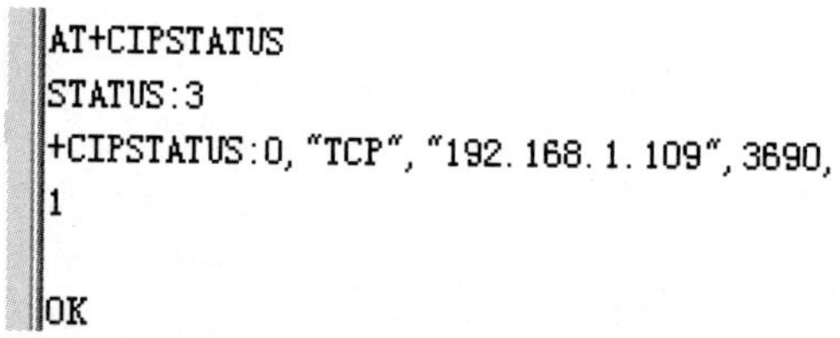

```
AT+CIPSTATUS
STATUS:3
+CIPSTATUS:0,"TCP","192.168.1.109",3690,
1

OK
```

图 2-22　查看连接的客户端

（7）向某个连接发送数据

发送命令 AT+CIPSEND=0，10（设置指令）（通过上一条指令 AT+CIPSTATUS 得知 ID=0）

指令：1）单路连接时（+CIPMUX=0），指令为：AT+CIPSEND=<length>

2）多路连接时（+CIPMUX=1），指令为：AT+CIPSEND= <id>，<length>

响应：收到此命令后先换行返回"＞"，然后开始接收串口数据

当数据长度满 length 时发送数据。

如果未建立连接或连接被断开，返回 ERROR

如果数据发送成功，返回 SEND OK

说明：<id>：需要用于传输连接的 id 号

<length>：数字参数，表明发送数据的长度，最大长度为 2048

发数据端，如图 2-23 所示。

接收端数据如图 2-24 所示。

此时连接已建立，可以进行数据的双向收发。

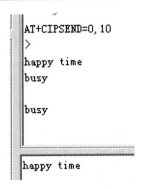

图 2-23　客户端向服务器发送数据

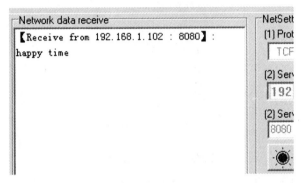

图 2-24　接收数据

3. Wi-Fi 模块作为客户端（Client）数据收发

Wi-Fi 模块作为客户端（Client）数据收发包括以下 5 步：

（1）关闭 server 服务（如果没有开启 server 服务，可免除此步骤）

发送命令：AT+CIPSERVER=0（设置指令）

指令：AT+CIPSERVER=<mode>[, <port>]

说明：<mode>：0-关闭 server 模式，1-开启 server 模式

<port>：端口号，缺省值为 333

响应：OK

说明：（1）AT+ CIPMUX=1 时才能开启服务器；关闭 server 模式需要重启

（2）开启 server 后自动建立 server 监听，当有 client 接入会自动按顺序占用一个连接。

关闭 server 服务如图 2-25 所示：

```
AT+CIPSERVER=0
we must restart

AT+RST

OK
```

图 2-25　重启模块

（2）电脑端创建服务器

创建服务器需要服务器的 IP 和端口号。如图 2-25 为电脑作为服务器查看 IP 地址。

图 2-25　服务器查看 IP 地址

设置相应的服务器参数，包括服务器 IP 地址与设置端口号，如图 2-26 所示。

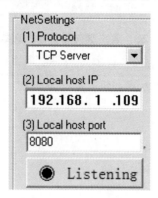

图 2-26　服务器参数设置

点击 Listening，创建成功后，该按钮变为图 2-27 所示。

图 2-27　连接成功

（3）开启多连接模式

发送命令：AT+CIPMUX=1（设置指令）

指令：AT+CIPMUX=<mode>

说明：<mode>：0-单路连接模式，1-多路连接模式

响应：OK

```
AT+CIPMUX=1

OK
```

（4）建立 TCP 连接

发送命令 AT+CIPSTART=2，"TCP"，"192.168.1.109"，8080（设置指令）

指令：1）单路连接时（+CIPMUX=0），指令为：AT+CIPSTART= <type>，<addr>，<port>

2）多路连接时（+CIPMUX=1），指令为：AT+CIPSTART=<id>，<type>，<addr>，<port>

响应：如果格式正确且连接成功，返回 OK，否则返回 ERROR

如果连接已经存在，返回 ALREAY CONNECT

说明：<id>：0-4，连接的 id 号

<type>：字符串参数，表明连接类型，"TCP"-建立 tcp 连接，"UDP"-建立 UDP 连接

<addr>：字符串参数，远程服务器 IP 地址

<port>：远程服务器端口号

如图 2-28 所示：

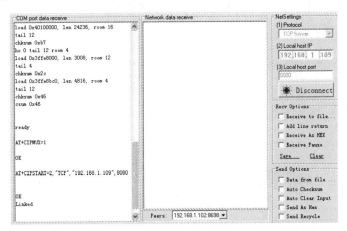

图 2-28 模块与电脑建立 TCP 连接

（5）向服务器发送数据

发送命令 AT+CIPSEND=2，10（设置指令）（通过上一条指令 AT+CIPSTART 设置为 ID=2）。

指令：1）单路连接时（+CIPMUX=0），指令为：AT+CIPSEND=<length>

2）多路连接时（+CIPMUX=1），指令为：AT+CIPSEND= <id>，<length>

响应：收到此命令后先换行返回"＞"，然后开始接收串口数据

当数据长度满 length 时发送数据。

如果未建立连接或连接被断开，返回 ERROR

如果数据发送成功，返回 SEND OK

说明：<id>：需要用于传输连接的 id 号

<length>：数字参数，表明发送数据的长度，最大长度为 2048

向电脑作为服务器发送数据如图 2-29 所示。

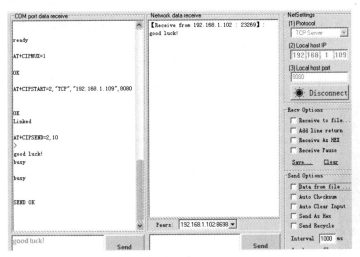

图 2-29 模块向服务器发送数据

此时连接已建立，可以进行数据的双向收发。

2.4　基于 Wi-Fi 技术与云平台的数据传输

2.4.1　云平台中建立我的应用

网络结构图如图 2-30 所示。

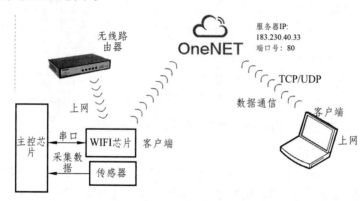

图 2-30　Wi-Fi 模块与云平台连接的网络拓扑图

传感网与云平台进行数据传输，需要再 OneNET 平台上创建产品，产品里面包含设备，设备中有不同种类的应用。与使用的手机相同，有 vivo 或者华为手机，这些产品中都包含手机这个设备，在手机设备有各种各样的应用，比如微信、QQ、短信等等。建立连接之前，先有准备工作，包括创建产品-创建设备-设计应用-应用中添加数据流。

云平台选择 OneNET -中国移动物联网开放平台，需要在这个网址 https：//open.iot.10086.cn/进行注册，登录后进入开发者中心。

1. 建立我的应用。

如图所示，在平台上建立了一个产品，产品名称为无线传感网，包含了一个设备，设备中包含 1 个应用，1 个 APIKEY。

注意：设备 id，api-key，数据流 id（每个人都不一样）如图 2-31 所示。

图 2-31　建立我的产品

创建的应用的布局由开发者设计，图 2-32 为设计的一个应用界面。

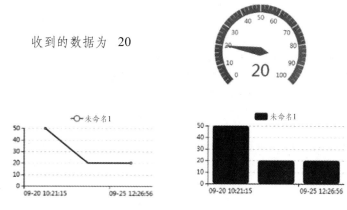

图 2-32　建立我的应用

2. 利用网络工具向云平台传输数据

下载一个网络调试助手，如图所示。在网络设备部分协议类型选择 TCPClient，使用 TCP 协议，电脑作为客户端，云平台为服务端。服务器 IP 地址设备为云平台的地址：183.230.40.33，端口号：80，点击下方的连接按钮。如图 2-33 所示。

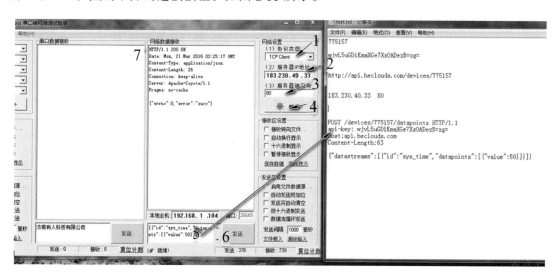

图 2-33　连接云服务器与向发送数据

连接成功后，向云平台发送数据，传输的数据必须符合平台的协议规范。比如发送数据格式如下。建立的设备号为 775157，api-key：wjvL5uGDiKmaXGe7XxOADezB=zg=；应用中使用的数据流名称为 sys_time，传输的数据为 50。不同的产品这几个数据会不同。其他的使用下面格式。只用替换相应的部分就可以了。POST 为向平台发送数据，GET 为获取平台中的数据。如图 2-34 所示。

POST /devices/775157/datapoints HTTP/1.1

api-key: wjvL5uGDiKmaXGe7XxOADezB=zg=

Host: api.heclouds.com

Content-Length: 63

{"datastreams": [{"id": "sys_time", "datapoints": [{"value": 50}]}]}

图 2-34   向平台发送数据的格式

调试的结果如图 2-35 所示。

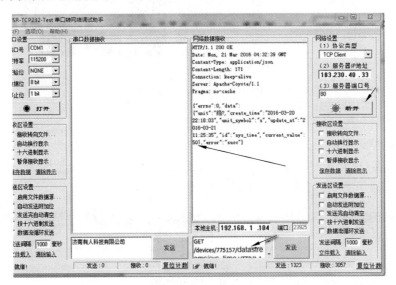

图 2-35   向云平台发送数据成功

2.4.2   利用 Wi-Fi 模块向 OneNET 发送数据

1. Wi-Fi 模块上网，按数据序列发送指令

（1）配置 WI-FI 模块

AT+CWMODE=3 //设 Q 置 WI-FI 应用模式

AT+RST //重置 WI-FI 模块

AT+CIFSR//查询本地 IP

AT+CWJAP="your ssid", "password" //连接无线路由器

如图 2-35 所示。

（2）和 OneNet 服务器建立 TCP 连接，依次发送命令：

AT+CIPSTART="TCP", "183.230.40.33", 80 //和服务器建立 TCP 连接

AT+CIPMODE=1   //进入透明传输模式

AT+CIPSEND //开始传输

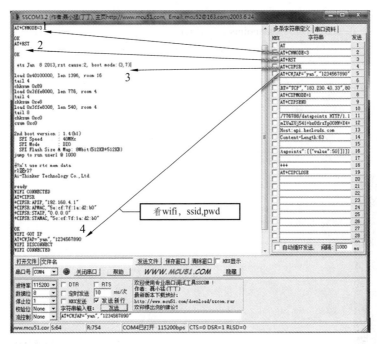

图 2-35　连接网络

POST /devices/776788/datapoints HTTP/1.1

api-key：omIUaZUj541=bxOfrsYp00HW=X4=

Host：api.heclouds.com

Content-Length：63

{"datastreams"：[{"id"："sys_time"，"datapoints"：[{"value"：50}]}]}　--这个不要发送换行如图 2-36 所示。

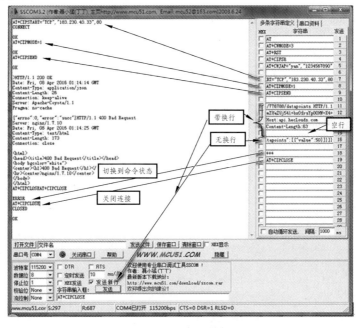

图 2-36　依次发送数据

3）和 OneNet 服务器断开 TCP 连接

+++

AT+CIPCLOSE　　//进入透明传输模式

2. 后台登录查看所发的数据

在应用管理中，发布链接

https：//open.iot.10086.cn/appview/p/3dc60a259b89209e7c342f44072a54c4。登录这个网址就可以查看到建立的应用了，如图 2-37 所示。

图 2-37　发布链接

3. STC89C51 芯片作为主控芯片连接 ESP8266 与云平台通信

89C51 中使用 Wi-Fi 模块向云平台传输数据的关键代码，

51 芯片中向串口发送 AT 命令配置芯片使用的函数 ESP8266_Set（unsigned char *puf）

```
void ESP8266_Set（unsigned char *puf）
{

while（*puf!='\0'）
{
    Send_Uart（*puf）;
    us_delay（5）;
    puf++;
}
us_delay（5）;
Send_Uart（'\r'）;
us_delay（5）;
Send_Uart（'\n'）;
ms_delay1（1000）;
}    ,
```

配置芯片参数并且连接到云平台，使用函数 doAt（），

```
void doAt（）{
    do{
        ESP8266_Set（"AT"）;
}while（resp_8266）;
resp_8266 = 1;

    do{
        ESP8266_Set（"AT+CWMODE=3"）;
}while（resp_8266）;
resp_8266 = 1;

    do{
        ESP8266_Set（"AT+CWJAP=\"tanzhu\", \"tanchunlei\""）;
}while（resp_8266）;
    resp_8266 = 1;

    do{
        ESP8266_Set（"AT+CIPSTART=\"TCP\", \"183.230.40.33\", 80"）;
}while（resp_8266）;
    resp_8266 = 1;

    do{
        ESP8266_Set（"AT+CIPMODE=1"）;
}while（resp_8266）;
    resp_8266 = 1;

    do{
        ESP8266_Set（"AT+CIPSEND"）;
}while（resp_8266）;
    resp_8266 = 1;

    HTTP_Swit= 1;
}
```

代码中向云平台发送具体的数据使用 ESP8266_Send（unsigned char *puf）函数。

```
void ESP8266_Send（unsigned char *puf）
{

while（*puf!='\0'）
{
```

```
    Send_Uart ( *puf );
    us_delay ( 5 );
    puf++;
}


}
```
发送具体的值的代码

ESP8266_Send（"POST/devices/26941004/datapoints HTTP/1.1\napi-key：N5w121SN53zVkkPp=sH3vSDYSEI=\nHost：api.heclouds.com\nContent-Length：60\n\n{\"datastreams\"：["）；ESP8266_Send（"{\"id\"：\"people\"，\"datapoints\"：[{\"value\"："）；

这样 51 芯片接收的传感器的值，就可以通过 Wi-Fi 技术发送到云平台了。

2.5　构建基于 Wi-Fi 技术的无线传感网

2.5.1　Wi-Fi 模块作为客户端无线传感网的搭建

1. Wi-Fi 模块作为客户端的网络结构图设计

Wi-Fi 作为客户端，电脑为服务器的网络结构图设计如图 2-38 所示。

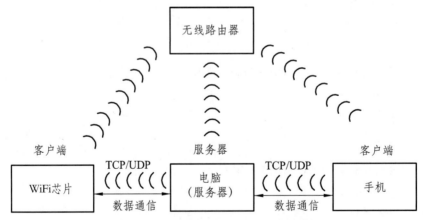

图 2-38　Wi-Fi 作为客户端的网络结构图

2. 服务端设计

1）界面设计—服务端

电脑中服务器界面设计，使用的语言 c#，版本可以为 VS2013、VS2015、VS2017 界面设计-服务端，如图 2-30 所示：

IP 文本框 name：txtIP port（端口号）文本框 name：txtPORT 聊天内容文本框 name：txtMsg 发送信息文本框 name：txtSendMsg

启动服务按钮 name：btnServerConn 发送信息按钮 name：btnSendMsg，如图 2-39 所示。

图 2-39　界面设计-服务端

2）服务端代码设计

```csharp
using System；
using System.Collections.Generic；
using System.ComponentModel；
using System.Data；
using System.Drawing；
using System.Linq；
using System.Text；
using System.Windows.Forms；
using System.Net.Sockets；
using System.Net；
using System.Threading；
namespace radiobutton
{
    public partial class tcpsever：Form
    {
        public tcpsever（）
        {
            InitializeComponent（）；
            //关闭对文本框的非法线程操作检查
            TextBox.CheckForIllegalCrossThreadCalls = false；
        }
        Thread threadWatch = null；//负责监听客户端的线程
        Socket socketWatch = null；//负责监听客户端的套接字
        private void btnServerConnet_Click（object sender，EventArgs e）
        {
            //定义一个套接字用于监听客户端发来的信息包含 3 个参数（IP4 寻址协议，
```

流式连接，TCP 协议¦）

```
                    socketWatch = new Socket( AddressFamily.InterNetwork，SocketType. Stream，
ProtocolType.Tcp );
                    //服务端发送信息需要 1 个 IP 地址和端口号
                    IPAddress ipaddress = IPAddress.Parse（txtIP.Text.Trim（ ）);     //获取文本框
输入的 IP 地址获
                    //将 IP 地址和端口号绑定到网络节点 endpoint 上
                    IPEndPoint endpoint = new IPEndPoint（ipaddress，int.Parse（txtPORT.Text.
Trim（ ）)); //获取文本框上输入的端口号
                    //监听绑定的网络节点
                    socketWatch.Bind（endpoint );
                    //将套接字的监听队列长度限制为 20
                    socketWatch.Listen（20 );
                    //创建一个监听线程创
                    threadWatch = new Thread（WatchConnecting );
                    //将窗体线程设置为与后台同步
                    threadWatch.IsBackground = true；
                    //启动线程启
                    threadWatch.Start（ );
                    //启动线程后 txtMsg 文本框显示相应提示
                    txtMsg.AppendText（"开始监听客户端传来的的信息!" + "\r\n" );
                }
                //创建一个负责和客户端通信的套接字
                Socket socConnection = null；
                /// <summary>
                /// 监听客户端发来的请求
                /// </summary>
                private void WatchConnecting（ )
                {
                    while（true）//持续不断监听客户端发来的请求端                        {
                        socConnection = socketWatch.Accept（ );
                        txtMsg.AppendText（"客户端连接成功" + "\r\n" );
                        //创建一个通信线程
                        ParameterizedThreadStart pts = new ParameterizedThreadStart（ServerRecMsg );
                          Thread thr = new Thread（pts );
                        // thr.IsBackground = true；
                          //启动线程
                          thr.Start（socConnection );
                    }
```

```
}

///发送信息到客户端的方法
/// </summary>
/// <param name="sendMsg">发送字符串信息</param>
private void ServerSendMsg（string sendMsg）
{
    //将输入的字符串转成机器可以识别的字符数组
    byte[] arrSendMsg = Encoding.UTF8.GetBytes（sendMsg）;
    //向客户端发送字节数组信息
    socConnection.Send（arrSendMsg）;
    //将发送的字符串信息附加到文本框 txtMsg 上
    txtMsg.AppendText（"So-flash: " + GetCurrentTime（）+ "\r\n" + sendMsg + "\r\n"）;
}


/// <summary>
///接收客户端发来的信息
/// </summary>
/// <param name="socketClientPara">客户端套接字对象</param>
///
private void ServerRecMsg（object socketClientPara）
{
    Socket socketServer = socketClientPara as Socket;
    while（true）
    {
        //创建一个内存缓冲区其大小为 1024*1024 字节即 1M
        byte[] arrServerRecMsg = new byte[1024 * 1024];
        //将接收到的信息存入到内存缓冲区，并返回其字节数组的长度
        int length = socketServer.Receive（arrServerRecMsg）;
        //将机器接受到的字节数组为人可以读懂的字符串
        string strSRecMsg = Encoding.UTF8.GetString（arrServerRecMsg，0，length）;
        //将发送的字符串信息附加到文本框 txtMsg 上
        txtMsg.AppendText（某某某: " + GetCurrentTime（）+ "\r\n" + strSRecMsg
+ "\r\n"）;
    }
}

//发送信息到客户端
private void btnSendMsg_Click（object sender，EventArgs e）
```

```
    {
        //调用 ServerSendMsg 方法发送信息到客户端
        ServerSendMsg（txtSendMsg.Text.Trim（ ））;
    }
    //快捷键 Enter 发送信息
    private void txtSendMsg_KeyDown（object sender，KeyEventArgs e）
    {
        //如果用户按下 Enter 键
        if（e.KeyCode == Keys.Enter）
        {
            //则调用服务器向客户端发送信息的方法
            ServerSendMsg（txtSendMsg.Text.Trim（ ））;
        }
    }
    /// <summary>
    ///获取当前系统系统时间的方法
    /// </summary>
    /// <returns>当前时间</returns>
    private DateTime GetCurrentTime（ ）
    {

        DateTime currentTime = new DateTime（ ）;
        currentTime = DateTime.Now;
        return currentTime;

    }
    }
}
```

3）开启服务器

到此，简单的服务器设置成功了，现在要运行服务器，开启监听。查看本机的 IP 地址如图 2-40 所示。

图 2-40　查看本机的 IP 地址

服务端 IP 地址为 192.168.155.5，端口号的范围从 0 到 65535，现在端口选择 9080，设置如图 2-41 所示。

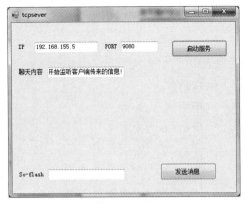

图 2-41　服务端参数设置

点击"启动服务"，即开始监听，等待客户端的连接。

4）Wi-Fi 芯片客户端连接

使用了 ESP8266 芯片，该芯片通过一根串口线，接入电脑，如图 2-42 所示，接线成功后，进行客户端模式设置。

图 2-42　串口线与模块连接

3. *Wi-Fi 客户端模式设置*

1）重启模块

发送命令：AT+RST（执行指令）

```
AT+RST

OK
WIFI DISCONNECT

 ets Jan  8 2013,rst cause:2, boot mode:
(3,7)

load 0x40100000, len 1856, room 16
tail 0
chksum 0x63
load 0x3ffe8000, len 776, room 8
tail 0
chksum 0x02
load 0x3ffe8310, len 552, room 8
```

2）设置模块

发送命令：AT+CWMODE=3 或 AT+CWMODE=1（设置指令）

```
AT+CWMODE=3

OK
```

3）查看当前无线路由器列表

发送命令：AT+CWLAP（执行指令）

```
AT+CWLAP

+CWLAP: (3, "lzy", -
52, "f8:8c:50:75:fb:39", 1, 32767, 0)
+CWLAP: (4, "Gcjp", -
83, "28:6c:07:c9:0c:69", 1, 26, 0)
+CWLAP: (3, "xgj", -
91, "22:f0:2f:a4:d7:2f", 1, 3, 0)
+CWLAP: (4, "TP-LINK_769F1A", -
81, "d8:5d:4c:76:9f:1a", 1, 0, 0)
+CWLAP: (4, "3-213", -
90, "30:fc:68:c4:76:f3", 1, 31, 0)
```

4）加入当前无线网络

发送命令：AT+CWJAP="MERSAIN"，"XXXXXXXX"（设置指令）

```
AT+CWJAP="lzy", "1234567890"

WIFI CONNECTED

WIFI GOT IP

OK
```

5）关闭 server 服务

发送命令：AT+CIPSERVER=0（设置指令）

```
AT+CIPSERVER=0
we must restart

AT+RST

OK
```

注：如果没有开启 server 服务，可免除此步骤。

6）开启单路连接模式

发送命令：AT+CIPMUX=0（设置指令）

```
AT+CIPMUX=0

OK
```

7）建立 TCP 连接

发送命令 AT+CIPSTART="TCP"，"192.168.155.5"，9080（设置指令）

```
AT+CIPSTART="TCP", "192.168.155.5", 9080

CONNECT

OK
```

8）向服务器发送数据

发送命令 AT+CIPSEND=10（设置指令）

9）发送数据"hello world!"

```
AT+CIPSEND=10

OK
>
d!
busy s...

Recv 10 bytes

SEND OK
```

10）服务器接收数据

如图 2-43 所示。

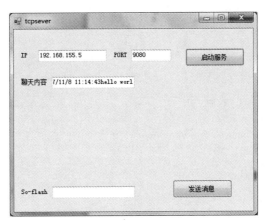

图 2-43　服务器接收数据

11）服务器端发送信息，客户端接收信息，如图 2-44 所示。

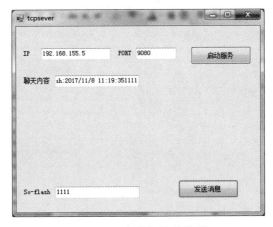

图 2-44　发送与接收数据

4. 手机客户端连接

这节需要使用手机软件，安卓手机安装"TCP 网络调试助手"应用软件，苹果安装一个 "TCP/UDP 调试"应用软件。进行 TCP 连接，在手机端输入服务器 IP 地址 192.168.155.5，端口号 9080，进行连接，在进行数据输出，手机端如图 2-45 所示：

图 2-45　TCP 网络调试助手

服务器接收信息后，显示相应的信息如图 2-46 所示。

图 2-46　服务器接收信息

服务器应用程序向手机发送信息"world"，如图 2-47 所示。

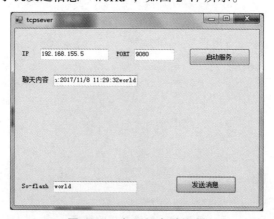

图 2-47　向手机发送信息

手机连接服务器，发送、接收数据成功。

2.5.2　Wi-Fi 作为服务器的无线传感网络搭建

1. Wi-Fi 模块作为服务器网络结构设计

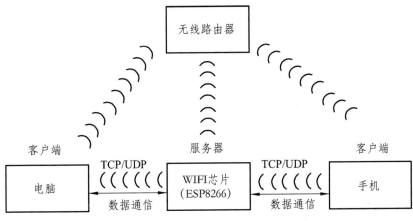

图 2-48　Wi-Fi 模作为服务器网络结构

2. 电脑客户端设计

1）界面设计-客户端

IP 文本框 name：txtIP Port 文本框 name：txtPort 聊天内容文本框 name：txtMsg 发送信息文本框 name：txtCMsg。

连接到服务端按钮 name：btnBeginListen 发送消息按钮 name：btnSend，如图 2-49 所示。

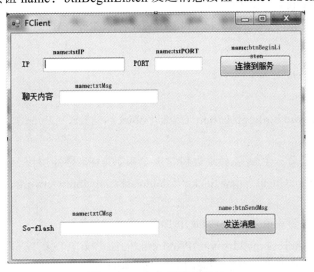

图 2-49　客户端界面设计

2）客户端代码

```
using System;
using System.Collections.Generic;
```

```
using System.ComponentModel;
using System.Data;
using System.Drawing;
using System.Linq;
using System.Text;
using System.Windows.Forms;
using System.Net.Sockets;
using System.Net;
using System.Threading;

namespace radiobutton
{
    public partial class FClient ：  Form
    {
        public FClient（）
        {
            InitializeComponent（）;
            //关闭对文本框的非法线程操作检查 TextBox.Check ForIllegal Cross Thread
Calls = false;
        }
        //创建 1 个客户端套接字和 1 个负责监听的服务端请求线程
        Socket socketClient = null;
        Thread threadClient = null;
        private void FClient_Load（object sender，  EventArgs e）
        {

        }

        private void btnBeginListen_Click（object sender，  EventArgs e）
        {
            //定义一个套接字监听包含 3 个参数（IP4 寻址协议，流式连接，TCP 协议）
            socketClient = new Socket（AddressFamily.InterNetwork，  SocketType. Stream，
ProtocolType.Tcp）;
            //需要获取文本框中的 IP 地址
            IPAddress ipaddress = IPAddress.Parse（txtIP.Text.Trim（））;
            //将获取的 ip 地址和端口号绑定到网络节点 EndPoint 上
            IPEndPoint endpoint = new IPEndPoint（ipaddress，int.Parse（txtPort.Text.Trim
（）））;
            //这里客户端套接字连接到网络节点（服务端）用的方法 Connect，而不是 Bind
```

```
        socketClient.Connect（endpoint）;
        //创建一个线程用于监听服务端发来的消息
        threadClient = new Thread（RecMsg）;
        //将窗体线程设置为与后台同步
        threadClient.IsBackground = true；
        //启动线程
        threadClient.Start（）;
        txtMsg.AppendText（"服务器连接成功!" + "\r\n"）;
    }
    /// <summary>
    ///接收服务端发来信息的方法
    /// </summary>
    private void RecMsg（）
    {
        while（true）//持续监听服务端发来的消息                {
            //定义一个 1M 的内存缓冲区用于临时性存储接收到的信息
            byte[] arrRecMsg = new byte[1024 * 1024];
            //将客户端套接字接收到的数据存入内存缓冲区，并获取其长度
            int length = socketClient.Receive（arrRecMsg）;
            //将套接字获取到的字节数组转换为人可以看懂的字符串
            string strRecMsg = Encoding.UTF8.GetString（arrRecMsg，0，length）;
            //将发送的信息追加到聊天内容文本框中
        txtMsg.AppendText( "So-flash："+GetCurrentTime（）+"\r\n" + strRecMsg+"\r\n"）;
        }
    }
    /// <summary>
    ///发送字符串信息到服务端的方法
    /// </summary>
    /// <param name="sendMsg">发送的字符串信息</param>
    private void ClientSendMsg（string sendMsg）
    {
        //将输入的内容字符串转换为机器可以识别的字符数组
        byte[] arrClientSendMsg = Encoding.UTF8.GetBytes（sendMsg）;
//调用客户端套接字发送字符数组
        socketClient.Send（arrClientSendMsg）;
        //将发送的信息追加到聊天内容文本框
        txtMsg.AppendText（"某某某"+GetCurrentTime（） + "\r\n"+sendMsg+\r\n"）;
    }
        //快捷键 Enter 发送信息
```

```
private void txtCMsg_KeyDown（object sender，　KeyEventArgs e）
{
    //当光标位于文本框时如果用户按下了键盘上的 Enter 键
    if（e.KeyCode == Keys.Enter）
    {
        //则调用客户端向服务端发送信息的方法
        ClientSendMsg（txtCMsg.Text.Trim（ ）);
    }
}
/// <summary>
///  获取当前系统时间的方法
/// </summary>
/// <returns>当前时间</returns>
private DateTime GetCurrentTime（ ）
{
    DateTime currentTime = new DateTime（ ）;
    currentTime = DateTime.Now；
    return currentTime；
}
private void btnSendMsg_Click（object sender，EventArgs e）
{
    ClientSendMsg（txtCMsg.Text.Trim（ ）);
}
}
}
```

等待服务器端开启监听，再将客户端连接进入服务器。

3. Wi-Fi 模块服务器连接

1）Wi-Fi 服务器模式设置

（1）重启模块。

发送命令：AT+RST（执行指令）

```
AT+RST

OK
WIFI DISCONNECT

 ets Jan  8 2013,rst cause:2, boot mode:
(3, 7)

load 0x40100000, len 1856, room 16
tail 0
chksum 0x63
load 0x3ffe8000, len 776, room 8
tail 0
chksum 0x02
load 0x3ffe8310, len 552, room 8
```

（2）设置模块。

发送命令：AT+CWMODE=3 或 AT+CWMODE=1（设置指令）

```
AT+CWMODE=3

OK
```

（3）查看当前无线路由器列表。

发送命令：AT+CWLAP（执行指令）

```
AT+CWLAP

+CWLAP: (3, "lzy", -
52, "f6:8c:50:75:fb:39", 1, 32767, 0)
+CWLAP: (4, "Gcjp", -
83, "28:6c:07:c9:0c:69", 1, 26, 0)
+CWLAP: (3, "xgj", -
91, "22:f0:2f:a4:d7:2f", 1, 3, 0)
+CWLAP: (4, "TP-LINK_769F1A", -
81, "d8:5d:4c:76:9f:1a", 1, 0, 0)
+CWLAP: (4, "3-213", -
90, "30:fc:68:c4:76:f3", 1, 31, 0)
```

（4）加入当前无线网络。

发送命令：AT+CWJAP=" MERSAIN"," XXXXXXXX"（设置指令）

```
AT+CWJAP="lzy", "1234567890"

WIFI CONNECTED

WIFI GOT IP

OK
```

（5）查询此时模块状态（该步骤可省略）。

发送命令　AT+CWMODE?（查询指令）

```
AT+CWMODE?
+CWMODE:3

OK
```

（6）发送命令 AT+CIPMUX?（查询指令）。

检查是否是多路连接，Wi-Fi 芯片设置服务器，必须是多路连接

```
AT+CIPMUX?
+CIPMUX:0

OK
```

开启多连接模式，发送命令：AT+CIPMUX=1（设置指令）

```
AT+CIPMUX=1

OK
```

（7）发送命令 AT+CIPSTO? 查询超时时间。

```
AT+CIPSTO?
+CIPSTO:180

OK
```

超时时间 180s，如果在 180s 内，服务器没有任何动作，就断开连接。

（8）创建服务器。

发送命令：AT+CIPSERVER=1，8080（设置指令）

```
AT+CIPSERVER=1,8080
no change

OK
```

（9）发送命令 AT+CIPSTO=2880，设置超时时间为 2880 s。

```
AT+CIPSTO=2880

OK
```

（10）发送命令 AT+CIFSR，查询模块地址。

```
AT+CIFSR
+CIFSR:APIP, "192.168.4.1"
+CIFSR:APMAC, "62:01:94:3c:24:6d"
+CIFSR:STAIP, "192.168.155.3"
+CIFSR:STAMAC, "60:01:94:3c:24:6d"

OK
```

（11）电脑客户端连接到服务器（模块），IP 地址为 192.168.155.3，端口号 8080，连接时把杀毒软件都关闭，如图 2-50 所示。

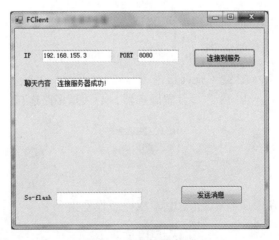

图 2-50　连接服务端

（12）相互通信，查看当前连接。

发送命令 AT+CIPSTATUS（执行指令）然后发送数据，如图 2-51 所示。

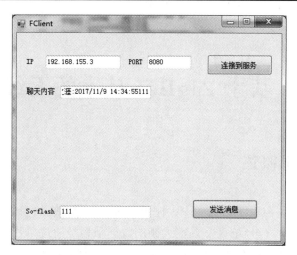

图 2.51　相互通信

手机客户端连接与上述 2.5.1 相同，这里不再累述。

第 3 章　基于 ZigBee 技术的无线传感网

3.1　ZigBee 技术概述

　　温室大棚中的智能监控系统中每一个大棚需要采集 4 组数据，每一组数据包括大棚内的温度、湿度、光照强度和 CO_2 浓度。温室大棚的数据采集是通过单片机来实现的，数据采集模块共有 4 组，每一组有 4 种不同的传感器，分别采集大棚内的温度、湿度、光照强度和 CO_2 浓度数据。数据采集模块由单片机分时对各个测控点进行巡回检测，首先将温度传感器、光照强度传感器和 CO_2 浓度的传感器三种模拟感器通过 A/D 转换器转化为数字信号，再送单片机芯片进行数据采集。湿度传感器是数字传感器，因此可直接传输到单片机上，主控芯片对数据进行滤波处理后打包送至无线网络中的子点。其数据采集结构如图 3-1 所示。

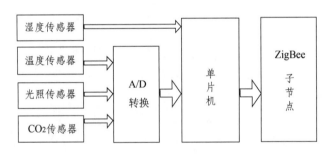

图 3-1　数据采集结构框图

　　单片机将大棚内的 4 种环境参数信息传输到无线网络中的子节点，子节点每隔一定的时间轮流向主节点发送信息。主节点组建了基于 ZigBee 技术的星形网络拓扑结构，主节点在星型网络中充当协调器的角色协调器主实现对整个网络的管理以及接受子节点转发来的数据等功能；各子节点具有数据采集和转发的功能，可以将大棚内温湿度数据，空气中光照含量，CO2 浓度这些农作物生长的环境信息采集过来，该设备节点安装在温室大棚内。主节点收到数据之后通过串口将各点的数据传给 PLC，PLC 是智能监控系统的控制中心，负责对大棚内的各个执行机构进行控制。PLC 接受从中心计算机传来的控制参数阈值从而启动控制增温降温、加湿除湿、遮阳补光等调控设备，按不同环要求调控与协调温室大棚的环境适应不同的作物的成长需求。

　　为了更方便清晰的掌握温室大棚作物的环境参数情况，选用易控工业组态软件作为上位组态开发平台，通过易控本身提供的各图形模板可方便地进行监控界面设计，过数据流连接和设置，可以实现易控上位界面和无线收发模块的实时通信另外利用易控的程发表功能，还可以通过远程监控界面在 IE 浏览器上直接查看温室大棚作物的生长情况。

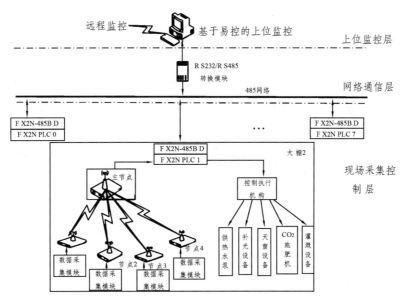

图 3-2　基于 ZigBee 技术的温室大棚智能监控系统结构图

本章详细介绍 ZigBee 技术有关体系结构、ZigBee 技术组网特性、网络结构等。通过本章的学习，可使读者熟悉 ZigBee 技术，能利用 ZigBee 技术进行小型无线传感网络的设计（学会仿真），能根据设计完成基于 ZigBee 技术无线传感网络组建，对 ZigBee 技术有更详细的了解，为实际应用做好准备。

3.1.1　ZigBee 技术概述

ZigBee 是一种高可靠的无线数传网络，类似于 CDMA 和 GSM 网络。ZigBee 数传模块类似于移动网络基站。通信距离从标准的 75 米到几百米、几千米，并且支持无限扩展。

ZigBee 是一个由可多到 65 000 个无线数传模块组成的一个无线数传网络平台，在整个络范围内，每一个 ZigBee 网络数传模块之间可以相互通信，每个网络节点间的距离可以从标准的 75 m 至无限扩展。

ZigBee 是 IEEE802.15.4 协议的代名词。根据这个协议规定的技术是一种短距离、低功耗的无线通信技术。其特点是近距离、低复杂度、自组织、低功耗、低数据速率、低成本。主要适合用于自动控制和远程控制领域，可以嵌入各种设备。ZigBee 是一种新兴的近距离、低复杂度、低功耗、低数据速率、低成本的无线网络技术，它是一种介于无线标记技术和蓝牙之间的技术提案，主要用于近距离无线连接。

ZigBee 是一组基于 IEEE 批准通过的 802.15.4 无线标准，是一个有关组网、安全和应用软件方面的技术标准。它主要适用于自动控制领域，可以嵌入各种设备中，同时支持地理定位功能。IEEE802.15.4 标准是一种经济、高效、低数据速率（小于 250 kb/s）、工作在 2.4 GHz 和 868/928 MHz 的无线技术，用于个人区域网和对等网状网络。

电气与电子工程师协会 IEEE 于 2000 年 12 月成立了 802.15.4 工作组，这个工作组负责制定 ZigBee 的物理层和 MAC 层协议，2001 年 8 月成立了开放性组织——ZigBee 联盟，一个针对 WPAN 网络而成立的产业联盟，Honeywell、Invensys、三菱电器、摩托罗拉、飞利浦是这个联盟的主要支持者，如今已经吸引了上百家芯片研发公司和无线设备制造公司，并不断有新的公司加盟。ZigBee 联盟负责 MAC 层以上网络层和应用层协议的制定和应用推广工作。

2003 年 11 月，IEEE 正式发布了该项技术物理层和 MAC 层所采用的标准协议，即 IEEE802.15.4 协议标准，作为 ZigBee 技术的物理层和媒体接入层的标准协议。2004 年 12 月，ZigBee 联盟正式发布了该项技术标准。该技术希望被部署到商用电子、住宅及建筑自动化、工业设备监测、PC 外设、医疗传感设备、玩具以及游戏等其他无线传感和控制领域当中。

标准的正式发布，加速了 ZigBee 技术的研制开发工作，许多公司和生产商已经陆续地推出了自己的产品和开发系统，如飞思卡尔的 MC13192、Chipcon 公司的 CC2420、Atmel 公司的 ATh6RF210 等，其发展速度之快，远远超出了人们的想象。

ZigBee 技术的名字来源于蜂群使用的赖以生存和发展的通信方式，蜜蜂通过跳 ZigZag 形状的舞蹈来通知发现新食物源的位置、距离和方向等信息。ZigBee 过去又称为"HomeRFLite"、"RF-EasyLink"或"FireFly"无线电技术，目前统一称为 ZigBee 技术，中文译名通常称为"紫蜂"技术。

3.1.2　ZigBee 技术发展历程

（1）ZigBee 的前身是 1998 年由 INTEL、IBM 等产业巨头发起的"HomeRFLite"技术。

（2）2000 年 12 月成立了工作小组起草 IEEE802.15.4 标准

（3）ZigBee 联盟成立于 2001 年 8 月。2002 年下半年，英国 Invensys 公司、日本三菱电气公司、美国摩托罗拉公司以及荷兰飞利浦半导体公司四大巨头共同宣布加盟"ZigBee 联盟"，以研发名为"ZigBee"的下一代无线通信标准，这一事件成为该项技术发展过程中的里程碑。

（4）2004 年 12 月 ZigBee1.0 标准（又称为 ZigBee2004）敲定，这使得 ZigBee 有了自己的发展基本标准。

（5）2005 年 9 月公布 ZigBee1.0 标准并提供下载。在这一年里，华为技术有限公司和 IBM 公司加入了 ZigBee 联盟。但是基于该版本的应用很少，与后面的版本也不兼容。

（6）2006 年 12 月进行标准修订，推出 ZigBee1.1 版（又称为 ZigBee2006）。该协议虽然命名为 ZigBee1.1，但是与 ZigBee1.0 版是不兼容的。

（7）2007 年 10 月完成再次修订（称为 ZigBee2007/PRO）。能够兼容之前的 ZigBee2006 版本，并且加入了 ZibgeePRO 部分，此时 ZigBee 联盟更加专注于以下三个方面：

① 家庭自动化（HomeAutomation；HA）；

② 建筑/商业大楼自动化（BuildingAutomation；BA）；

③ 先进抄表基础建设（AdvancedMeterInfrastructure；AMI）；

3.1.3　ZigBee 技术特点

1. 功耗低

由于 ZigBee 的传输速率低，发射功率仅为 1 mW，而且采用了休眠模式，功耗低，因此 ZigBee 设备非常省电。据估算，ZigBee 设备仅靠两节 5 号电池就可以维持长达 6 个月到 2 年左右的使用时间。

2. 成本低

由于 ZigBee 模块的复杂度不高，ZigBee 协议免专利费，再加之使用的频段无需付费，所以它的成本较低。因为 ZigBee 数据传输速率低，协议简单，所以大大降低了成本，且 ZigBee 协议免收专利费，采用 ZigBee 技术产品的成本一般为同类产品的几分之一甚至十分之一。

3. 时延短

针对时延敏感的应用做了优化，通信时延和从休眠状态激活的时延都非常短，通常时延都在 15 ~ 30 ms 之间。通信时延和从休眠状态激活的时延都非常短，典型的搜索设备时延 30ms，休眠激活的时延是 15 ms，活动设备信道接入的时延为 15 ms。

4. 网络容量大

一个星型结构的 ZigBee 网络最多可以容纳 254 个从设备和一个主设备，一个区域内可以同时存在最多 100 个 ZigBee 网络，而且网络组成灵活。网状结构的 ZigBee 网络中可有 65 000 多个节点。

5. 可靠性

采取了碰撞避免策略，同时为需要固定带宽的通信业务预留了专用时隙，避开了发送数据的竞争和冲突。MAC 层采用了完全确认的数据传输模式，每个发送的数据包都必须等待接收方的确认信息。如果传输过程中出现问题可进行重发。

6. 数据传输速率低

只有 10 ~ 250 kb/s，专注于低传输应用。

7. 优良的网络拓扑能力

ZigBee 具有星、网和丛树状网络结构能力。ZigBee 设备实际上具有无线网络自愈能力，能简单地覆盖广阔范围。

8. 安全性

ZigBee 提供了基于循环冗余校验（CRC）的数据包完整性检查功能，支持鉴权和认证，采用了 AES-128 的加密算法，各个应用可以灵活确定其安全属性。

3.2　ZigBee 技术体系

3.2.1　ZigBee 的堆栈架构如图

ZigBee 的堆栈架构如图 3-3 所示。

ZigBee 堆栈是在 IEEE802.15.4 标准基础上建立的，从下往上依次是物理层，MAC 层，网络/安全层，应用支持子层，应用层。由下向上，1-2 层主要为硬件实现，3-5 层 ZigBee 平台通信栈，最上层为应用层。

物理层是协议的最底层，承付着和外界直接作用的任务。主要是控制 RF 收发器工作。MAC 层负责设备间无线数据链路的建立、维护和结束确认模式的数据传送和接收。网络/安全层主要作用建立新网络，保证数据的传输。对数据进行加密，保证数据的完整性。

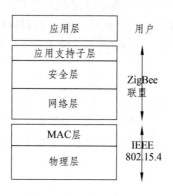

图 3-3　堆栈的体系结构

支持/应用层作用是应用支持层根据服务和需求使多个器件之间进行通信。应用层主要根据具体应用由用户开发。

3.2.2　ZigBee 的频带和数据传输率

根据 IEEE802.15.4 标准协议，ZigBee 的工作频段分为 3 个频段，这 3 个工作频段相距较大，而且在各频段上的信道数目不同，因而，在该项技术标准中，各频段上的调制方式和传输速率也不同。3 个频段分别为 868MHz、915MHz 和 2.4GHz。其中 2.4GHz 频段分为 16 个信道，该频段为全球通用的工业、科学、医学（Industrial，ScientificandMedical，ISM）频段，该频段为免付费、免申请的无线电频段，在该频段上，数据传输速率为 250kb/s。表 3-1 为 ZigBee 频带和频带传输率情况。

表 3-1　ZigBee 频带和频带传输率

频带	使用范围	数据传输率	信道数
2.4 GHz（ISM）	全世界	250 kb/s	16
868 MHz	欧洲	20 kb/s	1
915 MHz（ISM）	美国	40 kb/s	10

在组网性能上，ZigBee 设备可构造为星型网络或者点对点网络，在每一个 ZigBee 组成的无线网络内，连接地址码分为 16bit 短地址或者 64bit 长地址，可容纳的最大设备个数分别为 216 个和 264 个，具有较大的网络容量。

3.2.3　ZigBee 的物理信道

ZigBee 技术的 3 个频段分别为 868 MHz、915 MHz 和 2.4 GHz，868MHz 传输速率为 20 kB/s 适用于欧洲；915 MHz 传输速率为 40 kB/s 适用于美国；2.4 GHz 传输速率为 250 kB/s 全球通

用。由于此三个频带物理层并不相同，其各自信道带宽也不同，分别为 0.6 MHz，2 MHz 和 5 MHz。分别有 1 个 10 个和 16 个信道。如图 3-4 所示，可以看出。

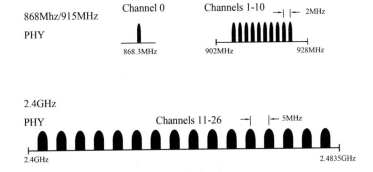

图 3-4　ZigBee 的物理信道

不同频带的扩频和调制方式有区别。虽然都使用了直接扩频（DSSS）的方式，但从比特到码片的变换方式有较大的差别。调制方式都用了调相技术，但 868 MHz 和 915 MHz 频段采用的是 BPSK，而 2.4 GHz 频段采用的是 OQPSK。在发射功率为 0 dBm 的情况下，BLUETOOTH 通常能用 10 M 的作用范围。而基于 IEEE802.15.4 的 ZigBee 在室内通常能达到 30-50 米作用距离，在室外如果障碍物少，甚至可以达到 100 米作用距离。所以 ZigBee 可归为低速率的短距离无线通信技术。

在无线通信技术上，采用免冲突多载波信道接入（CSMACA）方式，有效地避免了无线电载波之间的冲突。此外，为保证传输数据的可靠性，建立了完整的应答通信协议。

ZigBee 设备为低功耗设备，其发射输出为 0～3.6 dBm，通信距离为 30～70 m，具有能量检测和链路质量指示能力，根据这些检测结果，设备可自动调整设备的发射功率，在保证通信链路质量的条件下，最小地消耗设备能量。

ZigBee 技术是一种可以构建一个由多达数万个无线数传模块组成的无线数传网络平台，十分类似现有的移动通信的 CDMA 网或 GSM 网，每一个 ZigBee 网络数传模块类似移动网络的一个基站，在整个网络范围内，它们之间可以进行相互通信；每个网络节点间的距离可以从标准的 75 米扩展到几百米，甚至几千米，另外，整个 ZigBee 网络还可以与现有的其他各种网络连接。例如，可以通过互联网在北京监控云南某地的一个 ZigBee 控制网络。

与移动通信网络不同的是，ZigBee 网络主要是为自动化控制数据传输而建立的，而移动通信网主要是为语音通信而建立的。每个移动基站价值一般都在百万元人民币以上，而每个 ZigBee 基站却不到 1000 元人民币。每个 ZigBee 网络节点不仅本身可以直接从监控对象处获取数据，例如与传感器连接直接进行数据采集和监控，它还可以自动中转别的网络节点传过来的数据资料。

一般而言，随着通信距离的增大，设备的复杂度、功耗以及系统成本都在增加，相对于现有的各种无线通信技术，ZigBee 技术将是最低功耗和低成本的技术。同时，由于 ZigBee 技术拥有低数据速率和通信范围较小的特点，这也决定了 ZigBee 技术适合于承载数据流量较小的业务。ZigBee 技术的目标就是针对工业、家庭自动化、遥测遥控、汽车自动化、农业自动化和医疗护理等，例如灯光自动化控制，传感器的无线数据采集和监控，油田，电力，矿山和物流管理等应用领域。另外，它还可以对局部区域内的移动目标，例如对城市中的车辆进行定位。

　　通常，符合如下条件之一的应用，就可以考虑采用 ZigBee 技术作无线传输：需要数据采集或监控的网点多；要求传输的数据量不大，而要求设备成本低；要求数据传输可靠性高、安全性高；设备体积很小，电池供电，不便放置较大的充电电池或者电源模块；地形复杂，监测点多，需要较大的网络覆盖；现有移动网络的覆盖盲区；使用现存移动网络进行低数据量传输的遥测遥控系统；使用 GPS 效果差或成本太高的局部区域移动目标的定位应用。

3.3　ZigBee 技术组网特性

　　利用 ZigBee 技术组成的无线个人区域网（WPAN）是一种低速率的无线个人区域网（LR-WPAN），这种低速率无线个人区域网的网络结构简单、成本低廉，具有有限的功率和灵活的吞吐量。在一个 LR-WPAN 网络中，可同时存在两种不同类型的设备，一种是具有完整功能的设备（FFD），另一种是简化功能的设备（RFD）。

　　全功能设备（FFD，Router）：可以支持任何一种拓扑结构，可以作为网络协商者和普通协商者，并且可以和任何一种设备进行通信

　　精简功能设备（RFD）：不能成为任何协商者，可以和网络协商者进行通信，实现简单。

3.3.1　ZigBee 设备类型

　　在网络中，FFD 通常有 3 种工作状态：
① 作为一个协调器；
② 作为一个路由器；
③ 作为一个终端设备。

　　一个 FFD 可以同时和多个 RFD 或多个其他的 FFD 通信，而一个 RFD 只能和一个 FFD 进行通信。RFD 的应用非常简单、容易实现，就好像一个电灯的开关或者一个红外线传感器，由于 RFD 不需要发送大量的数据，并且一次只能同一个 FFD 连接通信，因此，RFD 仅需要使用较小的资源和存储空间，这样，就可非常容易地组建一个低成本和低功耗的无线通信网络。

　　ZigBee 协调器（Coordinator）：它包含所有的网络信息，是 3 种设备中最复杂的，存储容量大、计算能力最强。它主要用于发送网络信标、建立一个网络、管理网络节点、存储网络节点信息、寻找一对节点间的路由信息并且不断地接收信息。一旦网络建立完成，这个协调器的作用就像路由器节点。

　　ZigBee 路由器（Router）：它执行的功能包括允许其他设备加入这个网络，跳跃路由，辅助子树下电池供电终端的通信。通常，路由器全时间处在活动状态，因此为主供电。但是在树状拓扑中，允许路由器操作周期运行，因此这个情况下允许路由器电池供电。

　　ZigBee 终端设备（End-device）：一个终端设备对于维护这个网络设备没有具体的责任，所以它可以睡眠和唤醒，看它自己的选择。因此它能作为电池供电节点。

　　在 ZigBee 网络拓扑结构中，最基本的组成单元是设备，如表 3-2 所示，这个设备可以是一个 RFD 也可以是一个 FFD；在同一个物理信道的 POS（个人工作范围）通信范围内，两个

或者两个以上的设备就可构成一个 WPAN。但是，在一个 ZigBee 网络中至少要求有一个 FFD 作为 PAN 主协调器。

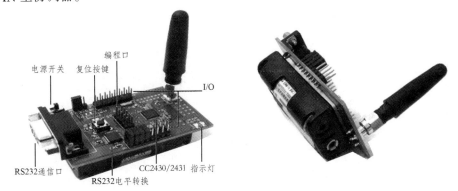

图 3-5　终端设备

表 3-2　ZigBee 网络设备类型

设备类型	拓扑类型	可否成为协调器	通话对象
全功能设备（FFD）	星形、树形、网状	可以	任何 ZigBee 设备
简化功能设备（RFD）	星形	不可以	只能与协调器通话

全功能设备（FFD）：附带由标准指定的全部 802.15.4 功能和所有特征。更多的存储器、计算能力可使其在空闲时起网络路由器作用。也能用作终端设备。

精简功能设备（RFD）：附带有限的功能来控制成本和复杂性。在网络中通常用作终端设备。ZigBee 相对简单的实现自然节省了费用。RFD 由于省掉了内存和其他电路，降低了 ZigBee 部件的成本，而简单的 8 位处理器和小协议栈也有助于降低成本。

3.3.2　ZigBee 网络拓扑结构

IEEE802.15.4/ZigBee 协议支持 3 种网络拓扑结构，即星形结构（Star）、网状结构（Mesh）和丛树结构（ClusterTree），如图 3-6 所示。其中，Star 网络是一种常用且适用于长期运行使用操作的网络；Mesh 网络是一种高可靠性监测网络，它通过无线网络连接可提供多个数据通信通道，即它是一个高级别的冗余性网络，一旦设备数据通信发生故障，存在另一个路径可供数据通信；ClusterTree 网络是 Star/Mesh 的混合型拓扑结构，结合了上述两种拓扑结构的优点。

星形网络拓扑结构由一个称为 PAN 主协调器的中央控制器和多个从设备组成，主协调器必须是一个具有 FFD 完整功能的设备，从设备既可为 FFD 完整功能设备，也可为 RFD 简化功能设备。在实际应用中，应根据具体应用情况，采用不同功能的设备，合理地构造通信网络。在网络通信中，通常将这些设备分为起始设备或者终端设备，PAN 主协调器既可作为起始设备、终端设备，也可作为路由器，它是 PAN 网络的主要控制器。在任何一个拓扑网络上，所有设备都有唯一的 64 位的长地址码，该地址码可以在 PAN 中用于直接通信，或者当设备之间已经存在连接时，可以将其转变为 16 位的短地址码分配给 PAN 设备。

因此，在设备发起连接时，应采用 64 位的长地址码，只有在连接成功，系统分配了 PAN 的标识符后，才能采用 16 位的短地址码进行连接。因而，短地址码是一个相对地址码，长地址码是一个绝对地址码。在 ZigBee 技术应用中，PAN 主协调器是主要的耗能设备，而其他从设备均采用电池供电，星形拓扑结构通常应用在家庭自动化、PC 外围设备、玩具、游戏以及个人健康检查等方面。

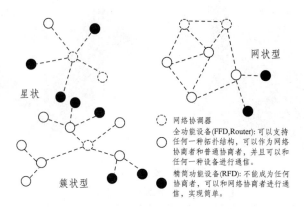

图 3-6　ZigBee 技术的 3 种网络拓扑结构

在对等的拓扑网络结构中，同样也存在一个 PAN 主设备，但该网络不同于星形拓扑网络结构，在该网络中的任何一个设备只要在它的通信范围之内，就可以和其他设备进行通信。对等拓扑网络结构能够构成较为复杂的网络结构，例如，网孔拓扑网络结构，这种对等拓扑网络结构在工业监测和控制、无线传感网、供应物资跟踪、农业智能化，以及安全监控等方面都有广泛的应用。

一个对等网络的路由协议可以是基于 Adhoc 技术的，也可以是自组织式的，并且，在网络中各个设备之间发送消息时，可通过多个中间设备中继的传输方式进行传输，即通常称为多跳的传输方式，以增大网络的覆盖范围。其中，组网的路由协议，在 ZigBee 网络层中没有给出，这样为用户的使用提供了更为灵活的组网方式。

无论是星形拓扑网络结构，还是对等拓扑网络结构，每个独立的 PAN 都有一个唯一的标识符，利用该 PAN 标识符，可采用 16 位的短地址码进行网络设备间的通信，并且可激活 PAN 网络设备之间的通信。

上面已经介绍，ZigBee 网络结构具有两种不同的形式，每一种网络结构有自己的组网特点，本小节将简单地介绍它们各自的组网特点。

1. 星形网络结构

星形网络的基本结构如图 3-6 所示。当一个具有完整功能的设备（FFD）第一次被激活后，它就会建立一个自己的网络，将自身成为一个 PAN 主协调器。所有星形网络的操作独立于当前其他星形网络的操作，这就说明了在星形网络结构中只有一个唯一的 PAN 主协调器，通过选择一个 PAN 标识符确保网络的唯一性，目前，其他无线通信技术的星形网络没有采用这种方式。因此，一旦选定了一个 PAN 标识符，PAN 主协调器就会允许其他从设备加入它的网络中，无论是具有完整功能的设备，还是简化功能的设备都可以加入这个网络中。

2. 对等网络结构的形成

在对等拓扑结构中，每一个设备都可以与在无线通信范围内的其他任何设备进行通信。

任何一个设备都可定义为 PAN 主协调器，例如，可将信道中第一个通信的设备定义成 PAN 主协调器。未来的网络结构很可能不仅仅局限为对等的拓扑结构，而是在构造网络的过程中，对拓扑结构进行某些限制。

例如，树簇拓扑结构是对等网络拓扑结构的一种应用形式，在对等网络中的设备可以是完整功能设备，也可以是简化功能设备。而在树簇中的大部分设备为 FFD，RFD 只能作为树枝末尾处的叶节点上，这主要是由于 RFD 一次只能连接一个 FFD。任何一个 FFD 都可以作为主协调器，并为其他从设备或主设备提供同步服务。

在整个 PAN 中，只要该设备相对于 PAN 中的其他设备具有更多计算资源，比如具有更快的计算能力，更大的存储空间以及更多的供电能力等，就可以成为该 PAN 的主协调器，通常称该设备为 PAN 主协调器。在建立一个 PAN 时，首先，PAN 主协调器将其自身设置成一个簇标识符（CID）为 0 的簇头（CLH），然后，选择一个没有使用的 PAN 标识符，并向邻近的其他设备以广播的方式发送信标帧，从而形成第一簇网络。

接收到信标帧的候选设备可以在簇头中请求加入该网络，如果 PAN 主协调器允许该设备加入，那么主协调器会将该设备作为子节点加到它的邻近表中，同时，请求加入的设备将 PAN 主协调器作为它的父节点加到邻近表中，成为该网络的一个从设备；同样，其他的所有候选设备都按照同样的方式，可请求加入该网络中，作为网络的从设备。如果原始的候选设备不能加入该网络中，那么它将寻找其他的父节点。

在树簇网络中，最简单的网络结构是只有一个簇的网络，但是多数网络结构由多个相邻的网络构成。一旦第一簇网络满足预定的应用或网络需求时，PAN 主协调器将会指定一个从设备为另一簇新网络的簇头，使得该从设备成为另一个 PAN 的主协调器，随后其他的从设备将逐个加入，并形成一个多簇网络，如图 3-6 所示，图中的直线表示设备间的父子关系，而不是通信流。多簇网络结构的优点在于可以增加网络的覆盖范围，而随之产生的缺点是会增加传输信息的延迟时间。

3. ZigBee 网状（mesh）网络

网状网络拓扑结构的网络具有强大的功能，网络可以通过多级跳的方式来通信；该拓扑结构还可以组成极为复杂的网络；网络还具备自组织、自愈功能。

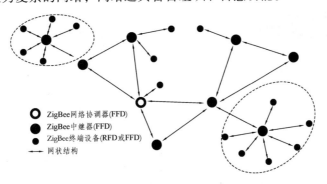

图 3-7　ZigBeeMesh 结构

Mesh 是一种特殊的、按接力方式传输的点对点的网络结构，其路由可自动建立和维护。通过以上 ZigBeeMesh 结构图可以得知，一个 ZigBee 网络只有一个网络协调器，但可以有若干个路由器。

协调器负责整个网络的建网，同时它也可作为与其他类型网络的通讯节点（网关）。

构成协调器和路由器的器件必须是全功能器件（FFD），而构成终端设备的器件可以是全功能器件，也可是简约功能器件（RFD）。

4. ZigBee 采用的路由算法

ZigBee 采用按需路由算法 AODV，在节能和网络性能上都有着很大的优势。

AODV 路由协议是一种基于距离矢量的按需路由算法，只保持需要的路由，而不需要节点维持通信过程中未达目的节点的路由。节点仅记住吓一跳，而非像源节点路由那样记住整个路由。它能在网络中的各移动节点之间动态地、自启动地建立逐跳路由。

当链路断开时，AODV 会通知受影响的节点，从而使这些节点能被确认为无效路由。AODV 允许移动节点响应链路的破损情况，并以一种及时的方式更新网络拓扑。AODV 操作是无还回的，并避免了当 Adhoc 网络拓扑变化时快速收敛的无限计算问题（特别是当一个节点进入网络时）。

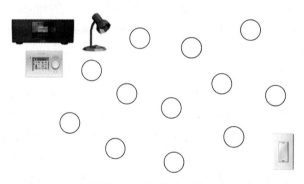

图 3-8　按需路由算法

○：表示传感器节点。

通过开关来控制灯的亮灭，功能实现过程中，必须要经过中间的传感器节点，可以实现的路径有多条，既有多种路径可以选择，如图 3-9 所示。

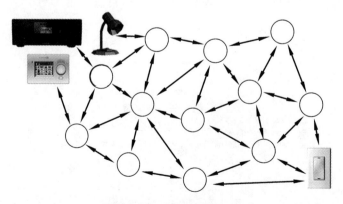

图 3-9　多种路径

这么多条路径中，可以通过该路由算法选择一条路径，如图 3-10。

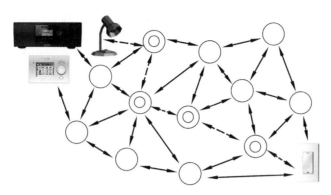

图 3-10　路由算法选择一条路径

当出现传感器节点损坏或者能量不足而死亡时，根据算法重新选择一条路径，从而不会影响实现功能，网络正常运行，不会造成网络瘫痪，如图 3-11 所示。

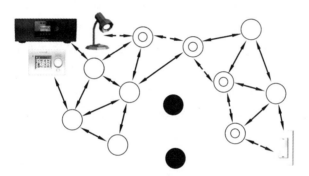

图 3-11　节点坏死

● ：坏死的节点。

ZigBee 网络具有自组织功能和自愈功能。

ZigBee 的自组织功能：无需人工干预，网络节点能够感知其他节点的存在，并确定连结关系，组成结构化的网络；

ZigBee 自愈功能：增加或者删除一个节点，节点位置发生变动，节点发生故障等等，网络都能够自我修复，并对网络拓扑结构进行相应的调整，无需人工干预，保证整个系统仍然能正常工作。

3.3.2　ZigBee 技术的体系结构

ZigBee 技术是一种可靠性高、功耗低的无线通信技术，在 ZigBee 技术中，其体系结构通常由层来量化它的各个简化标准。每一层负责完成所规定的任务，并且向上层提供服务。各层之间的接口通过所定义的逻辑链路来提供服务。ZigBee 技术的体系结构主要由物理（PYH）层、媒体接入控制（MAC）层、网络/安全层以及应用框架层组成，其各层之间的分布如图 3-12 所示。

从图 3-12 不难看出，ZigBee 技术的协议层结构简单，不像诸如蓝牙和其他网络结构，这些网络结构通常分为 7 层，而 ZigBee 技术仅为 4 层。在 ZigBee 技术中，PHY 层和 MAC 层采用 IEEE802.15.4 协议标准，其中，PHY 提供了两种类型的服务，即通过物理层管理实体接口

（PLME）对 PHY 层数据和 PHY 层管理提供服务。

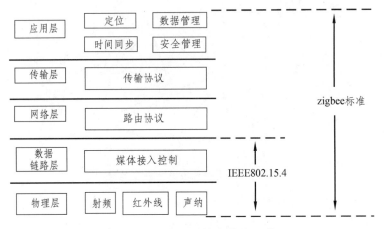

图 3-12　ZigBee 技术协议组成

PHY 层数据服务可以通过无线物理信道发送和接收物理层协议数据单元（PPDU）来实现。PHY 层的特征是启动和关闭无线收发器、能量检测、链路质量、信道选择、清除信道评估（CCA），以及通过物理媒体对数据包进行发送和接收。

同样，MAC 层也提供了两种类型的服务：通过 MAC 层管理实体服务接入点（MLME-SAP）向 MAC 层数据和 MAC 层管理提供服务。MAC 层数据服务可以通过 PHY 层数据服务发送和接收 MAC 层协议数据单元（MPDU）。MAC 层的具体特征是：信标管理、信道接入、时隙管理、发送确认帧、发送连接及断开连接请求。除此之外，MAC 层为应用合适的安全机制提供一些方法。

ZigBee 技术的网络/安全层主要用于 ZigBee 的 LR-WPAN 网的组网连接、数据管理以及网络安全等；应用框架层主要为 ZigBee 技术的实际应用提供一些应用框架模型等，以便对 ZigBee 技术开发应用。在不同的应用场合，其开发应用框架不同，从目前来看，不同的厂商提供的应用框架是有差异的，应根据具体应用情况和所选择的产品来综合考虑其应用框架结构。

3.4　基于 ZigBee 模块数据采集

3.4.1　利用 ZigBee 模块，闪烁一个 LED 灯

本任务的 ZigBee 模块采用的是 CC2530 芯片，它是基于 ZigBee 技术进行无线传输的模块。简单来说 CC2530 芯片=8051CPU+无线射频模块+存储单元，也称为 51 无线单片机，如图 3-13 所示。

它有 21 个可编程的 I/O 端口，分别是 P0：P0_0 ~ P0_7。P1：P1_0 ~ P1_7P2：P2_0 ~ P2_4。每一个端口都可以被单独设置为输入或者输出口。CC2530 的 I/O 口的输出方式是通过 PxDIR、PxSEL 和 Px（"x"代表 0、1、2，下同）3 个八位寄存器组合控制的。必须先通过设置以上 3 个寄存器，初始化 I/O 口，再使用。

I/O 口输出模式组合控制设置如下：

PxDIR 取值为 1 表示输出；0 表示 I/O 端口为输出模式。

PxSEL 取值为 0 表示 I/O 端口为通用 I/O 口；1 表示外设。

图 3-13　cc2530 芯片

Px 取值为 0 表示输出低电平，取值为 1 表示输出为高电平。

例如要使用 P1_1 口控制 LED 灯，要使用这个口前，先进行的初始化如下。

P1DIR=0x02；//设置 P1_1 为输出模式，P1 的其他口为输入模式

P1SEL=0x00；//P1_1 为通用 I/O 口

P1=0XFF；//P1 的初始值全为高电平

任务实施：

开发环境选择，本项目选择 IAR 开发环境

IAR 开发环境所做的事情就是把我们的想法用 CPU 能识别的语言表达出来，让 CPU 按照我的想法去工作。我们要做的事情就是把我们的想法用 C 语言表达出来，并把这些代码放到 IAR 开发环境中的 xx.c 文件中，这样 IAR 开发环境就能够把 C 代码编译为二进制代码（CPU 能识别的语言），把我们的想法转告给 CPU，让它按照我们的想法去工作。

为了能够准确地把我们的想法传达给 CPU，IAR 开发环境还为我们提供了"调试"服务，以检测我们编辑的 C 语言代码是否把我们的想法表达得很清楚。

（1）安装 IAR。到 IAR 开发环境官方网站（www.IAR.com）下载 IAR 开发环境，完成安装。

（2）打开 IAR 开发环境。安装完成后 PC 桌面上将会出现对应图标。双击该图标打开 IAR 环境。打开后的界面如图 3-14 所示。

图 3-14　打开界面

（3）建立一个新的工程。

按照前面步骤打开 IDE 环境后，建立一个新的工程，工程名为：CC2530Project（自己设定工程名），建立方法如下：在 Project 下拉菜单里点击 Creat New Project，如图 3-15 所示。

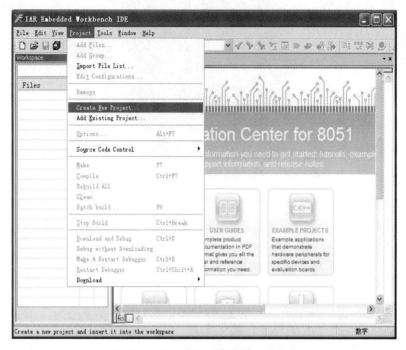

图 3-15　建立一个新的工程

然后会出现下面一个对话框，在对话框中选择 Empty Project，如图 3-16 所示。

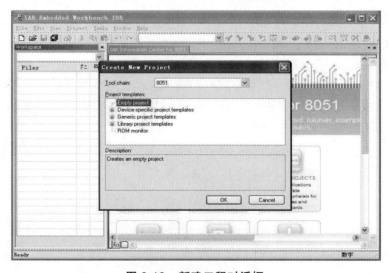

图 3-16　新建工程对话框

点击"OK"，就会看到图 3-17 所示的界面；在"文件名"处键入新建工程的名字：CC2530Project。然后选择工程所保存的路径，点击"保存"工程就建立完成了，如图 3-17 所示。

图 3-17　新工程保存路径及名称界面

（4）建立新的 xx.c 文件。在工程界面下点击"File"，然后选择"New"，在"New"的下拉框中单击"File"，如图 3-18 所示。

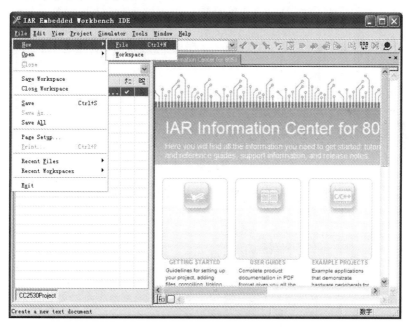

图 3-18　新文件建立对话框

单击"File"之后弹出如图 3-19 所示界面。

然后点击红圈处保存文件并为文件命名，如图 3-20 所示。

在"文件名"处键入文件名：main.c，然后把文件保存在工程文件路径下就完成了文件的建立，如图 3-21 所示。

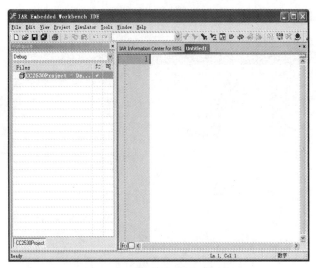

图 3-19　未命名文件对话框

图 3-20　文件命名及保存对话框

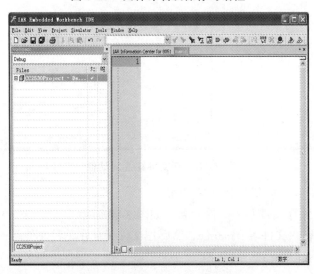

图 3-21　文件建立成功对话框

（5）把 main.c 文件添加到工程中，如图 3-22 所示。

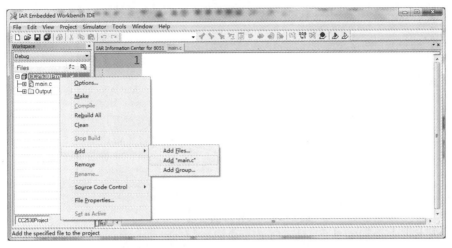

图 3-22　main.c 文件添加到工程

右键单击工程文件名，在弹出的对话框中单击"Add Files"便会弹出图 3-23 所示对话框，如图 3-23 所示。

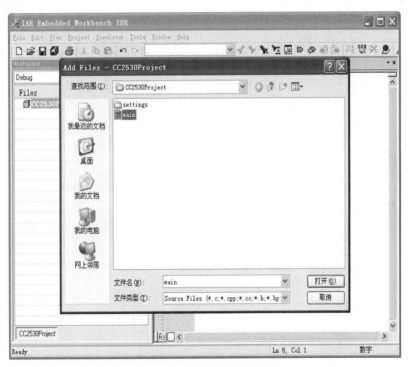

图 3-23　打开文件对话框

在图所示的对话框中双击"main.c"文件便完成了文件的添加工作，如图 3-24 所示。

（6）环境参数设置，右键单击工程文件名，选择第一项"options"，如下图 3-25 所示。

在弹出的对话框中，选择第一行 General Options，右边的 Target 栏中 Device information 下的 Device：选择 CC2530F256.i51（不同的芯片选择不同的型号），如图 3-26 所示。

图 3-24　文件添加成功对话框

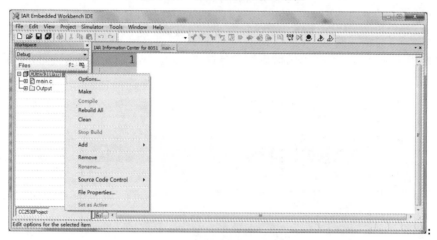

图 3-25　环境参数设置

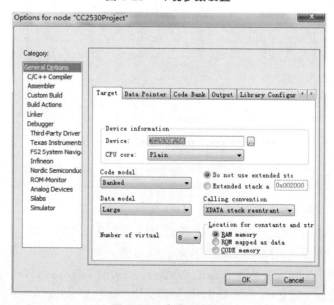

图 3-26　参数设置 1

然后选择 Linker，在右边的 config 中选择 lnk51ew_cc2530F256_banked.xcl，（不同的芯片选择不同的型号）如图 3-27 所示。

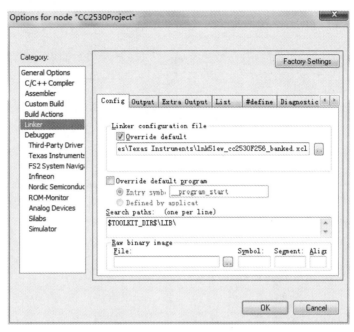

图 3-27　参数设置 2

再选择 Linker 下面的 Debugger，右边 Setup 栏中 Driver 选项中选择 Texas Instruments，如图 3-28 所示：

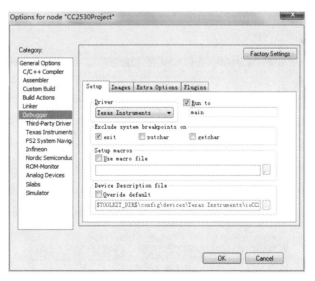

图 3-28　参数设置 3

（7）编辑 C 语言代码。现在利用 ZigBee 模块，实现第一个灯（D9）闪烁的程序，从以下硬件图可以看出，D9 灯与 P1_1 端口连接，如图 3-28 硬件连接图，先通过 3 个寄存器初始化 P1_1，再使用。程序代码如下图 3-29 所示：

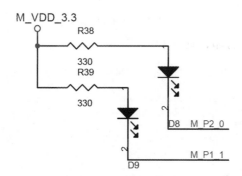

图 3-29　硬件连接图

代码编写如图 3-30 所示。

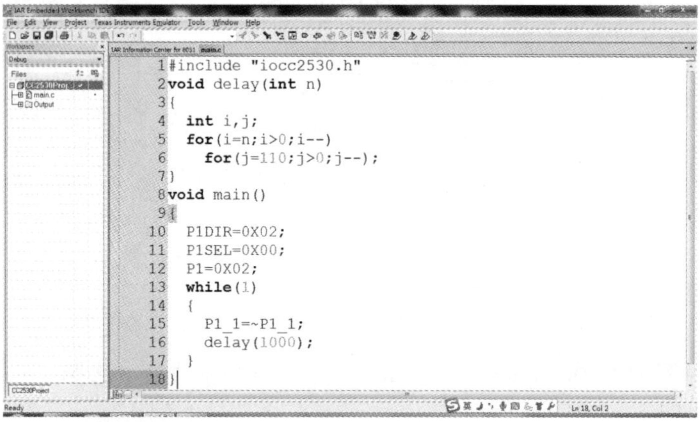

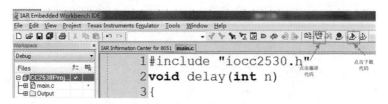

图 3-30　C 语言代码编辑对话框

（8）编译程序，如图 3-31 所示。

图 3-31　编译程序

点击工具栏中红框处的按键便启动了编译工作，编译的结果在下面的信息栏中。信息栏的红圈处显示，这个例程没有错误，可以运行。运行可以点击全速运行，出现如图 3-32 所示。

图 3-32　运行对话框

下载到芯片上，D9 等闪烁。

（9）现在在程序中加入打印，查看 I/O 口输出的值情况。

步骤 1：加入头文件 #include "stdio.h"，如图 3-33 所示。

```
1 #include "iocc2530.h"
2 #include "stdio.h"
3 #define u16 unsigned int
4 #define u8 unsigned char
5 void delay(u16 n);
6 void main()
7 {
8   P1DIR=0X02;//P1_1设置为输出模式
9   P1SEL=0X00;//P1都为通用I/0口
10  P1=0X00;//P1_0~P1_7初始值为低电平
11  while(1)
12  {
13    P1_1=~P1_1;
14    delay(1000);
```

图 3-33 　加入 stdio.h 头文件

步骤 2：在代码中加入打印 printf（"%d\n"，P1_1），如图 3-34 所示。再进行编译、下载、全速运行。

```
6 void main()
7 {
8   P1DIR=0X02;//P1_1设置为输出模式
9   P1SEL=0X00;//P1都为通用I/0口
10  P1=0X00;//P1_0~P1_7初始值为低电平
11  while(1)
12  {
13    P1_1=~P1_1;
14    printf("%d\n",P1_1);
15    delay(1000);
16  }
```

图 3-34 　加入打印信息

步骤 3：打开 View-Terminal I/O，观测打印的信息，如图 3-35 所示。

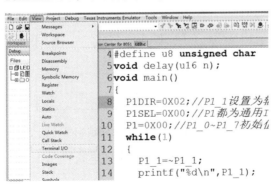

图 3-35 　打开 Terminal I/O

步骤 4：观察打印的 P1_1 的信息，如图 3-36 所示。

只要有变量，就可以加入打印语句进行变量值得查看，观察变量的情况，如传感器传入值的情况。

到此已经熟悉了 IAR 开发环境的安装、工程的建立以及程序的编写、编译和调试等过程。

练习修改例程中的数值，然后编译、调试例程，观察例程中变量的变化。

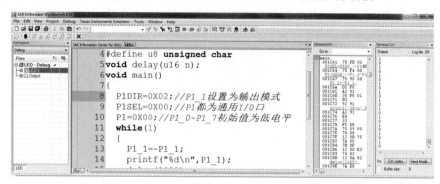

图 3-36　观察打印的信息

3.4.2　串口通信—向串口发送字符串"Hello World"

1. 原理说明

组网结构图如图 3-37 所示。

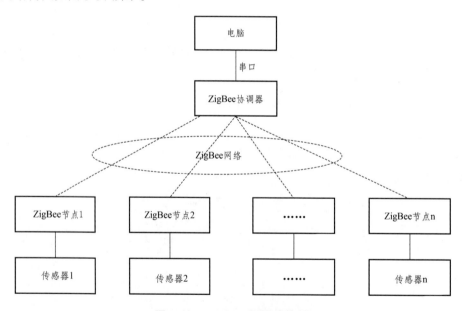

图 3-37　ZigBee 组网结构图

网络中需要使用串口通信，将采集的数据传输到电脑。

2. 功能实现

ZigBee 节点通过向串口发送字符串"Hello World"，PC 机接收到串口数据后，通过串口调试助手直接将接收到的内容显示出来，或者添加打印信息，打开 Terminal I/O，显示出发送的值。

步骤 1：单片机与 PC 串口硬件连接

CC2530 单片机使用的电平为 TTL 电平，而 PC 机使用 CMOS 电平，所以在与 PC 机进行通信时，需要电平转换电路来匹配逻辑电平。本实验选用串口转 USB 接口电路来匹配逻辑电平，同时使得单片机与 PC 机之间的硬件连接更加方便，硬件连接如图 3-38 所示。

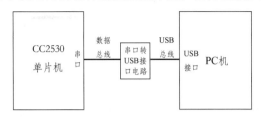

图 3-38　CC2530 单片机与 PC 机串口通信原理图

步骤 2：硬件连接图

本实训选用串口转 USB 接口电路来匹配逻辑电平，同时使得单片机与 PC 机之间的硬件连接更加方便；本实训中 PC 机使用串口调试助手来实现数据的接收和发送。单片机发送字符串"Hello World！"在 PC 机通过串口调试助手接收并显示字符串，串口线如图 3-39 所示。

图 3-39　串口线

步骤 3：实现流程，如图 3-40 所示。

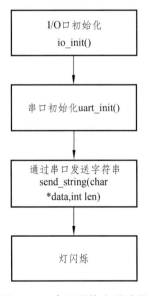

图 3-40　串口通信实现流程

实现过程如下：

1. I/O 口初始化

```
//初始化 P2_0，D8 灯
void io_init（）
{
    P2DIR=0XFF；//P2_0 输出模式
    P2SEL=0X00；//通用 I/O 口
    P2=0；
}
```

2. 串口初始化

```
void uart_init（）
{
    CLKCONCMD&=~0X40；//系统时钟选择 32M 晶振
      while（!（CLKCONSTA&0X40））；//等待晶振稳定
    CLKCONCMD&=~0X47；//系统主时钟选择 32M
    P0SEL=0X0C；//设置 P0_2，P0_3 为外设
    PERCFG=0X00；//外设位置为 1
    U0CSR|=0XC0；//选择 UART 模式，接收使能
    IEN0==0X84；//开启总中断，开启 uart0 中断
    //设置波特率为 115200
    U0GCR=11；
    U0BAUD=216；
    UTX0IF=0；//发送标识位
    URX0IF=0；//接收标识位
}串口初始化，
```

代码解释如下：

（1）串口通信寄存器设置（参考 CC2530 中文数据手册完全版），如表 3-3 所示。

表 3-3　CLKCONCMD-时钟控制命令

位	名称	复位	R/W	描述
\multicolumn{5}{c}{CLKCONCND（0xC6）-时钟控制命令}			
7	OSC32K	1	R/W	32 kHz 时钟振荡器选择。设置该位只能发起一个时钟源改变。当要改变该位必须选择 16 MHz RCOSC 作为系统时钟。 0：32 kHz XOSC 1：32 kHz RCOSC
6	OSC	1	R/W	系统时钟源选择。设置该位只能发起一个时钟源改变。CLKCONSTA.OSC 反映当前的设置。 0 XOSC 1：16 kHz RCOSC

续表

位	名称	复位	R/W	描述
5：3	TICKSPD[2：0]	001	R/W	定时器标记输出设置。不能高于通常 OSC 位设置的系统时钟设置。 000：32 kHz 001：16 kHz 010：8 kHz 011：4 kHz 100：2 kHz 101：1 kHz 110：500 kHz 111：250 kHz 注意 CLKCONCMD.TICKSPD 可以设置为任意值，但是结果受 CLKCONSTA.OSC 设置的限制，即如果 CLKCONCMD. OSC=1 且 CLKCONCMD.TICKSPD=000，CLKCONCMD. TICKSPD 读出 001 且实际 TICKSPD 是 16 kHz。

CLKCONCND（0xC6）-时钟控制命令

低三位表述如表 3-4 所示。

表 3-4　CLKCONCMD-时钟控制命令低三位

位	名称	复位	R/W	描述
2：0	CLKSPD	001	R/W	时钟速度。不能高于通常 OSC 位设置地系统时钟设置。表示当前系统时钟频率。 000：32 kHz 001：16 kHz 010：8 kHz 011：4 kHz 100：2 kHz 101：1 kHz 110：500 kHz 111：250 kHz 注意 CLKCONCMD.CLKSPD 可以设置为任意值，但是结果受 CLKCONSTA.OSC 设置的限制，即如果 CLKCONCMD.OSC=1 且 CLKCONCMD.CLKSPD=000，CLKCONCMD.CLKSPD 读出 001 且实际 CLKSPD 是 16 kHz。 还要注意调试器不能和一个划分过的系统时钟一起工作。当运行调试器，当 CLKCONCMD.OSC=0，CLKCONCMD.CLKSPD 的值必须设置为 000，或当 CLKCONCMD.OSC=1 设置为 001。

CLKCONCMD&=~0X40；//设置系统时钟源为 32 M 晶振

while（!（SLEEPSTA & 0X40））；//等待晶振稳定

CLKCONCMD &= ~0X47；//TICHSPD128 分频，CLKSPD 不分频

（2）时钟控制状态寄存器（参考 CC2530 中文数据手册完全版）如表 3-5 CLKCONSTA-时钟控制状态

表 3-5　CLKCONSTA-时钟控制状态

CLKCONSTA（0x9E）-时钟控制状态				
位	名称	复位	R/W	描述
7	OSC32K	1	R	当前选择的 32 kHz 时钟源 0：32 kHz XOSC 1：32 kHz RCOSC
6	OSC	1	R	当前选择的系统时钟源 0 XOSC 1：16 kHz RCOSC
5：3	TICKSPD[2：0]	001	R	当前选择的定时器标记输出 000：32 kHz 001：16 kHz 010：8 kHz 011：4 kHz 100：2 kHz 101：1 kHz 110：500 kHz 111：250 kHz
2：0	CLKSPD	001	R	当前时钟速度 000：32 kHz 001：16 kHz 010：8 kHz 011：4 kHz 100：2 kHz 101：1 kHz 110：500 kHz 111：2500 kHz

（3）外设控制 PERCFG（参考 CC2530 中文数据手册完全版）如表 3-6 PERCFG-外设控制所示。

表 3-6　PERCFG-外设控制

PERCFG（0xF1）-外设控制				
位	名称	复位	R/W	描述
7	-	0	R0	没用使用
6	T1CFG	0	R/W	定时器 1 的 I/O 位置 0：备用设置 1 1：备用设置 2
5	T3CFG	0	R/W	定时器 3 的 I/O 位置 0：备用设置 1 1：备用设置 2

续表

PERCFG（0xF1）-外设控制				
位	名称	复位	R/W	描述
4	T4CFG	0	R/W	定时器 4 的 I/O 位置 0：备用设置 1 1：备用设置 2
3：2	-	00	R0	没用使用
1	U1CFG	0	R/W	USART 1 的 I/O 位置 0：备用设置 1 1：备用设置 2
0	U0CFG	0	R/W	USART 0 的 I/O 位置 0：备用设置 1 1：备用设置 2

PERCFG &= ~ 0x01；

PERCFG = 0X00；//位置 1 P0 口

4）串口 0 控制&状态寄存器 U0CSR，如表 3-7 U0CSR 所示。

表 3-7　U0CSR（串口 0 控制及状态寄存器）

U0BUF（串口 0 控制&状态寄存器）				
位号	位名	复位值	可操作性	功能描述
7	MODE	0	读/写	串口模式选择 0 SPI 模式，1 UART 模式
6	RE	0	读/写	接收使能 0 关闭接收，1 允许接收
5	SLAVE	0	读/写	SPI 主从选择 0 SPI 主，1 SPI 从
4	FE	0	读/写	串口帧错误状态 0 没有帧错误，1 出现帧错误
3	ERR	0	读/写	串口校验结果 0 没有校验错误，1 字节校验错误
2	RX_BYTE	0	读/写	接收状态 0 没有接收到数据，1 接收到一字节数据
1	TX_BYTE	0	读/写	发送状态 0 没有发送，1 最后一次写入 U0BUF 的数据已经发送
0	ACTIVE	0	读	串口忙标志 0 串口闲，1 串口忙

- U0CSR |= 0X80；　　　　//UART 方式
- U0CSR |= 0X40；　　　　//允许接收

- IEN0 |= 0X84；   //开总中断，接收中断
- P0SEL |= 0X0C；   //P0 用作串口

（5）波特率设置由两个寄存器控制 U0GCR 与 U0BAUD，如表 3-8 U0GSR 与表 3-9 U0BAUD（0xC2）-USART 0 波特率控制所示。

表 3-8   U0GSR（串口 0 常用寄存器）

U0GSR（串口 0 常规控制寄存器）				
位号	位名	复位值	可操作性	功能描述
7	CPOL	0	读/写	SPI 时钟极性 0 低电平空闲，1 高电平空闲
6	CPHA	0	读/写	SPI 时钟相位 0 由 CPOL 跳向非 CPOL 时采样，由非 CPOL 跳向 CPOL 时输出 1 由非 CPOL 跳向 CPOL 时采样，由 CPOL 跳向非 CPOL 时输出
5	ORDER	0	读/写	传输位序 0 低位在先，1 高位在先
4：0	BAUD_E[4：0]	0X00	读/写	波特率指数值，BAUD_M 决定波特率

表 3-9   U0BAUD（0xC2）-USART 0 波特率控制

U0BAUD（0xC2）- USART 0 波特率控制				
位	名称	复位	R/W	描述
7：0	BAUD_M[7：0]	0X00	R/W	波特率小数部分的值。BAUD_E 和 BAUD_M 决定了 UART 的波特率和 SPI 的主 SCK 时钟频率。

波特率选择如下：

BAUD_2400，   //U0GCR |= 6；   U0BAUD |= 59；

BAUD_4800，   //U0GCR |= 7；   U0BAUD |= 59；

BAUD_9600，   //U0GCR |= 8；   U0BAUD |= 59；

BAUD_14400，   //U0GCR |= 8；   U0BAUD |= 216；

BAUD_19200，   //U0GCR |= 9；   U0BAUD |= 59；

BAUD_28800，   //U0GCR |= 9；   U0BAUD |= 216；

BAUD_38400，   //U0GCR |= 10；   U0BAUD |= 59；

BAUD_57600，   //U0GCR |= 10；   U0BAUD |= 216；

BAUD_76800，   //U0GCR |= 11；   U0BAUD |= 59；

BAUD_115200，   //U0GCR |= 11；   U0BAUD |= 216；

BAUD_230400，   //U0GCR |= 12；   U0BAUD |= 216；

选择 115200 的波特率：

U0CSR|=0X80；

U0GCR|=11；

U0BAUD|=216；

（6）接收和发送数据

接收和发送数据由寄存器 U0BUF 来完成，当对 U0BUF 寄存器进行读操作时，实现接收，对其进行写操作时，实现发送数据功能，如表 3-10U0BUF（0xC1）-USART 0 接收/传送数据缓存所示。

表 3-10　U0BUF（0xC1）-USART 0 接收/传送数据缓存

U0BUF（0xC1）-USART 0 接收/传送数据缓存				
位	名称	复位	R/W	描述
7：0	DATA[7：0]	0X00	R/W	USART 接收和传送数据。当写这个寄存器的时候数据被写到内部，传送数据寄存器。当读取该寄存器的时候，数据来自内部读取的数据寄存器。

（7）需要根据中断标记位来判断数据是否发送完成或是否有数据要接收，如表 3-10 中断标记位所示。

表 3-10　中断标记位

位	名称	复位	R/W	描述
7～2	—	—	—	
1	UTX0IF	0	R/W	串口发送数据中断标记位 0 没有数据发送或发送数据每完成 1 数据发送完成
0	—	—	—	
7～4	—	—	—	
3	URX0IF	0	R/W	串口接收数据中断标记位 0 没有收到数据 1 收到数据
2～0	—	—	—	

3. 通过串口发送字符串 send_string（char *data，int len）

```
//串口发送字符串函数
void send_string（char *data，int len）
{
    int i;
    for（i=0；i<len；i++）
    {
        U0DBUF=*data++；
        while（UTX0IF==0）；
        UTX0IF=0；
    }
```

```
}
```

发送单个字符如下：

```
/串口发送字符函数，查询方式发送
void send（char c）
{
  U0DBUF=c；
  while（UTX0IF==0）；
  UTX0IF=0；
}
```

4. 灯闪烁

```
P2_0=0；
      delay（1000）；
      P2_0=1；
      delay（1000）；
```

参考例程

```
#include "iocc2530.h"
//初始化串口
void uart_init（）
{
  CLKCONCMD&=~0X40；//系统时钟选择 32M 晶振
    while（！（CLKCONSTA&0X40））；//等待晶振稳定
  CLKCONCMD&=~0X47；//系统主时钟选择 32M
  P0SEL=0X0C；//设置 P0_2，P0_3 为外设
  PERCFG=0X00；//外设位置为 1
  U0CSR|=0XC0；//选择 UART 模式，接收使能
  IEN0==0X84；//开启总中断，开启 uart0 中断
  //设置波特率为 115200
  U0GCR=11；
  U0BAUD=216；
  UTX0IF=0；
  URX0IF=0；
}
//串口发送字符函数，查询方式发送
void send（char c）
{
  U0DBUF=c；
  while（UTX0IF==0）；
  UTX0IF=0；
```

```
}
//串口发送字符串函数
void send_string（char *data，int len）
{
    int i;
    for（i=0；i<len；i++）
    {
        U0DBUF=*data++;
        while（UTX0IF==0）;
        UTX0IF=0;
    }
}
//初始化 P2_0，D8 灯
void io_init（）
{
    P2DIR=0XFF；//P2_0 输出模式
    P2SEL=0X00；//通用 I/O 口
    P2=0;
}
void delay（int num）
{
    int i，j;
    for（i=num；i>0；i--）
        for（j=110；j>0；j--）;
}
void main（）
{
    char string[]="Hello world!\r\n";
    io_init（）;
    uart_init（）;
    //send（t）;
    while（1）
    {
        send_string（string，sizeof（string）-1）;
        P2_0=0;
        delay（1000）;
        P2_0=1;
        delay（1000）;
    }
```

```
}
```
编译、下载、调试、观察现象：

（1）按照图 3-41 完成硬件连接。

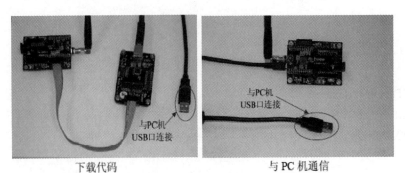

下载代码　　　　　　　　　　　与 PC 机通信

图 3-41　硬件连接

（2）点击工具栏的"Make"按钮，编译工程，如图 3-42 所示。

图 3-42　编译工程

（3）等待工程编译完成，确保编译没有错误，如图 3-43 所示。

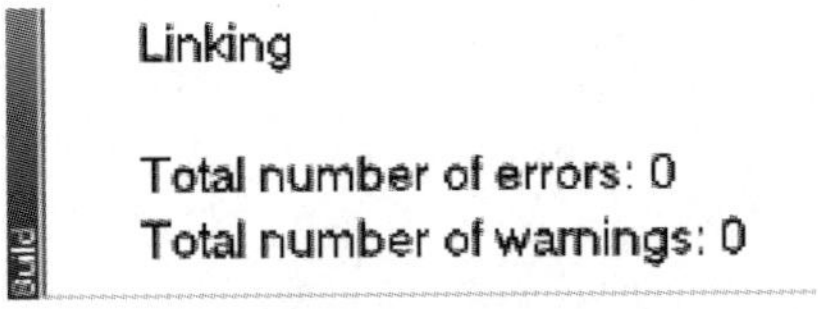

Linking

Total number of errors: 0
Total number of warnings: 0

图 3-43　编译完成

（4）在工程目录结构树种的工程名称点击鼠标右键，选择"Options"，并在弹出的对话框中选择左侧的"Debugger"，并在右侧的"Driver"列表中选择"Texas Instruments"，如图 3-44 所示。

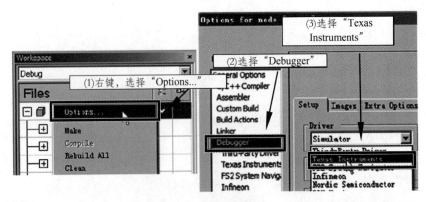

图 3-44　选择调试驱动

（5）点击"Download and Debug"按钮，如图 3-45 所示。

图 3-45　下载并进入调试状态

（6）待程序下载完毕后，点击"Go"按钮，使程序开始运行，如图 3-46 所示。

图 3-46　运行程序

（7）双击打开串口调试助手，运行串口调试助手，按照图 3-47 所示设置各项参数。

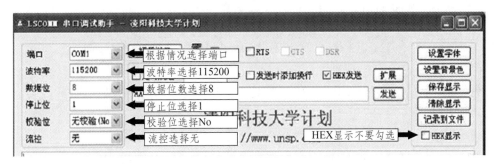

图 3-47　设置串口调试助手参数

（8）其中，端口的选择，可以在"设备管理器"中查看具体端口。在桌面上，找到"我的电脑"，并在"我的电脑"上点击鼠标的右键，选择"管理"，如图 3-48 所示。

图 3-48　"我的电脑"右键菜单

在打开的窗口中，左侧找到"设备管理器"，并在右侧展开"端口（COM 和 LPT）"，找到"Sunplus USB to Serial COM Port"，该名称后面的"COMx"即为端口号，如图 3-49 所示。

图 3-49　查看串口的编号

（9）设置完毕后，点击"打开端口"，串口调试助手中查看 CC2530 发送过来的"Hello World！"字符串。如图 3-50 所示。

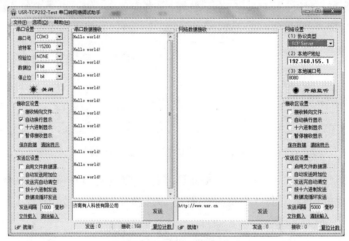

图 3-50　发送结果

（10）添加打印信息查看。

加入#include "stdio.h"与 printf（"%s\n"，string）显示的结果如图 3-51 所示。

图 3-51　获取的打印信息和串口信息相同

3.4.3　利用 CC2530 的 A/D 转换

1. 原理说明

ADC 的结构框架图，如图 3-52 所示。

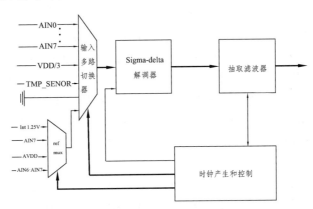

图 3-52　ADC 结构框架图

ADC 的主要特性如下：

（1）可选的抽取率，这也设置了分辨率（7 到 12 位）；

（2）8 个独立的输入通道，可接受单端或差分信号；

（3）参考电压可选为内部单端、外部单端、外部差分或 AVDD5；

（4）产生中断请求；

（5）转换结束时的 DMA 触发；

（6）温度传感器输入；

（7）电池测量功能。

1）ADC 操作

ADC 的一般安装和操作，并描述了 CPU 存取的 ADC 控制和状态寄存器的使用。

（1）ADC 输入。

端口 0 引脚的信号可以用作 ADC 输入。在下面的描述中，这些端口引脚指的是 AIN0-AIN7 引脚。输入引脚 AIN0-AIN7 是连接到 ADC 的，可以把输入配置为单端或差分输入。在选择差分输入的情况下，差分输入包括输入对 AIN0-1、AIN2-3、AIN4-5 和 AIN6-7。

注意：负电压不适用于这些引脚，大于 VDD（未调节电压）的电压也不能。它们之间的差别是在差分模式下转换。

单端电压输入 AIN0 到 AIN7 以通道号码 0 到 7 表示。通道号码 8 到 11 表示差分输入，由 AIN0–AIN1、AIN2–AIN3、AIN4–AIN5 和 AIN6–AIN7 组成。通道号码 12 到 15 表示 G N D（12）温度传感器（14），和 VDD5/3（15）。这些值在 ADCCON2.SCH 和 DCCON3.SCH 域中使用。

（2）ADC 转换序列。

ADC 将执行一系列的转换，并把结果移动到存储器（通过 DMA），不需要任何 CPU 干预。转换序列可以被 APCFG 寄存器影响，八位模拟输入来自 I/O 引脚，不必经过编程变为模拟输入。如果一个通道正常情况下应是序列的一部分，但是相应的模拟输入在 APCFG 中禁用，那么通道将被跳过。当使用差分输入，处于差分对的两个引脚都必须在 APCFG 寄存器中设置为模拟输入引脚。

DCCON2.SCH 寄存器位用于定义一个 ADC 转换序列，它来自 ADC 输入。如果 ADCCON2.SCH 设置为一个小于 8 的值，转换序列包括一个转换，来自每个通道，从 0 往上，包括 ADCCON2.SCH 编程的通道号码。

当 ADCCON2.SCH 设置为一个在 8 和 12 之间的值，序列包括差分输入，从通道 8 开始，在已编程的通道结束。对于 ADCCON2.SCH 大于或等于 12，序列仅包括所选的通道。

（3）单个 ADC 转换。

除了这一转换序列，ADC 可以编程为从任何通道执行一个转换。这样一个转换通过写 ADCCON3 寄存器触发。除非一个转换序列已经正在进行，转换立即开始，在这种情况下序列一完成单个转换就被执行。

（4）ADC 运行模式。

本节描述了运行模式和初始化转换。ADC 有三种控制寄存器：ADCCON1，ADCCON2 和 ADCCON3。这些寄存器用于配置 ADC，并报告结果。图为 ADC 相关寄存器。

2）实现功能

使用 CC2530_ADC 模块，选择通道 0 进行模数转换，通道 0 对应接口 P0_0；P0_0 直接接入滑动变阻器，作为变化的模拟量，将转换的值通过串口输出，使用串口助手观察输出的数字量；转换的过程使得 D9 灯闪烁，D9 对应 P1_1。实验现象为阻值变小时，数字量灯按照数值递减规律变化并且 D9 灯闪烁。

步骤 1：硬件连接。

滑动变阻器（电位器）的硬件电路原理图如图 3-53 所示，图中 P0_0 是 CC2530 单片机的 P0_0 引脚，也是 ADC 的通道 0。

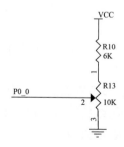

图 3-53　ADC 硬件连接图

步骤 2：实现流程，如图 3-54 所示。

io_init（ ）\uart_init（ ）\void send（char c）调用 3.4.3 节函数模块即可。

模数转换模块初始化 adc_init（ ）

//初始化 ADC

void adc_init（ ）

{

　　ADCCFG=0x01；//选择通道 AIN0，输入引脚 P0_0

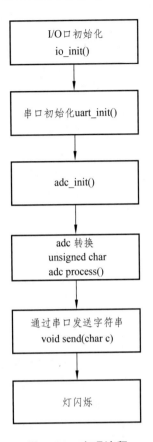

图 3-54   实现流程

    ADCCON1=0x33；//手动开启 AD 转换

    ADCCON2=0xB0；//电压选择 ADD5，256 抽取率，通道 0

}

代码说明：

（1）ADCCFG 输入配置寄存器，如表 3-11ADC 输入配置寄存器所示。

表 3-11   ADC 输入配置寄存器

寄存器	位	名称	复位	读/写	描述
ADC 输入配置寄存器	7：0	ADCCFG[7：0]	0X00	R/W	选择 P0_0～P0_7 作为 ADC 的输入 AIN0～AIN7 0 ADC 输入禁止 1 ADC 输入使能
ADCL 寄存器	7：2	ADC[5：0]	0X00	R	ADC 转换结构最低有效位
	1：0	—	0	R0	保留
ADCH 寄存器	7：0	ADC[13：6]	0X00	R	ADC 转换结构最高有效位

    ADCCFG=0x01；//选择通道 AIN0，输入引脚 P0_0

（2）ADCCON1（0xB4）-ADC 控制 1，如表 3-12 所示。

表 3-12　ADCCON1 寄存器

位	名称	复位	R/W	描述
				ADCC0N1（0xB4）- ADC 控制 1
7	EOC	0	R/H0	转换结束。当 ADCH 被读取的时候清除。如果已读取前一数据之前，完成一个新的转换，EOC 位仍然为高。 0：转换没有完成 1：转换完成
6	ST	0		开始转换。读为 1，直到转换完成 0：没有转换正在进行 1：如果 ADCCON1.STSEL=11 并且没有序列正在运行就启动一个转换序列
5：4	STSEL[1：0]	11	R/W1	启动选择。选择该事件，将启动一个新的转换序列。 00：P2.0 引脚的外部触发 01：全速。不等待触发器 10：定时器 1 通道 0 比较事件 11：ADCCON1.ST=1
3：2	RCTRL[1：0]	00	R/W	控制 16 位随机数发生器（第 13 章）。当写 01 时，当操作完成时设置将自动返回到 00。 00：正常运行。（13X 型展开） 01：LFSR 的时钟一次（没有开展） 10：保留 11：停止。关闭随机数发展器
1：0	-	11	R/W	保留：一直设为 11

（3）ADCCON2（0xB5）-ADC 控制 2 如表 3-13ADCCON2（0xB5）–ADC 控制 2 所示。

位	名称	复位	R/W	描述
				ADCCON2（0xB5）–ADC 控制 2
7：6	SREF[1：0]	00	R/W	选择参考电压用于序列转换 00：内部参考电压 01：AIN7 引脚上的外部参考电压 10：AVDD5 引脚 11：AIN6_AIN7 差分输入外部参考电压
5：4	SDIV[1：0]	01	R/W	为包含在转换序列内的通道设置抽取率。抽取率也决定完成转换需要的时间和分辨率。 00：64 抽取率（7 位 ENOB） 01：128 抽取率（9 位 ENOB） 10：256 抽取率（10 位 ENOB） 11：512 抽取率（12 位 ENOB）

续表

| \multicolumn{5}{c}{ADCCON2（0xB5）–ADC 控制 2} |
位	名称	复位	R/W	描述
3：0	SCH[3：0]	0000	R/W	序列通道选择。选择序列结束。一个序列可以是从 AIN0 到 AIN7（SCH=7）也可以从差分你输入 AIN0-AIN1 到 AIN6-AIN7（8＜=SCH＜=11）。对于其他的设置，只能执行单个转换。 当读取的时候，这些位将代表有转换进行的通道号码。 0000：AIN0 0001：AIN1 0010：AIN2 0011：AIN3 0100：AIN4 0101：AIN5 0110：AIN6 0111：AIN7 1000：AIN0-AIN1 1001：AIN2-AIN3 1010：AIN4-AIN5 1011：AIN6-AIN7 1100：GND 1101：正电压参考 1110：温度传感器 1111：VDD/3

ADCCON2=0xB0；//电压选择 ADD5，256 抽取率，通道 0

```
unsigned char adc_process（ ）
{
    unsigned char value；
    ADCCON1|=0x40；//开始转换
    while（!（ADCCON1&0x80））；//等待转换完成
    value=ADCH；//转换的结果保存到 value
    return value；
}
```

步骤 3：参考例程

```
#include "iocc2530.h"
//初始化 ADC
void adc_init（ ）
{
```

```
    ADCCFG=0x01；//选择通道 AIN0，输入引脚 P0_0
    ADCCON1=0x33；//手动开启 AD 转换
    ADCCON2=0xB0；//电压选择 ADD5，256 抽取率，通道 0
}
//进行 ADC 转换，返回转换的结果
unsigned char adc_process（）
{
    unsigned char value；
    ADCCON1|=0x40；//开始转换
    while（！（ADCCON1&0x80））；//等待转换完成
    value=ADCH；//转换的结果保存到 value
    return value；
}
//初始化串口
void uart_init（）
{
    CLKCONCMD&=～0X40；//系统时钟选择 32M 晶振
      while（！（CLKCONSTA&0X40））；//等待晶振稳定
    CLKCONCMD&=～0X47；//系统主时钟选择 32M
    P0SEL=0X0C；//设置 P0_2，P0_3 为外设
    PERCFG=0X00；//外设位置为 1
    U0CSR|=0XC0；//选择 UART 模式，接收使能
    IEN0==0X84；//开启总中断，开启 uart0 中断
    //设置波特率为 115200
    U0GCR=11；
    U0BAUD=216；
    UTX0IF=0；
    URX0IF=0；
}
//串口发送字符函数，查询方式发送
void send（char c）
{
    U0DBUF=c；
    while（UTX0IF==0）；
    UTX0IF=0；
}
//初始化 P1_1，D9 灯
void io_init（）
{
```

```
    P1DIR=0XFF；//P2_0 输出模式
    P1SEL=0X00；//通用 I/O 口
    P1=0；
}
void delay（int num）
{
    int i，j；
    for（i=num；i>0；i--）
        for（j=110；j>0；j--）；
}
void main（）
{
    unsigned char adc_value；
    io_init（）；//IO 口初始化
    uart_init（）；//串口初始化
    adc_init（）；//ADC 初始化
    while（1）
    {
        adc_value=adc_process（）；//进行模数转换，信号换的数字量保存 adc_value 变量
        send（adc_value）；
        P1_1=~ P1_1；
        delay（1000）；
    }
}
```

步骤 4：

通过调节 P0_0 口接入的滑动变阻器，改变了 ADC0 通道的模拟输入电压，CC2530 单片机经过采集后，将 ADC 数字量通过串口输出。

① 电位器的硬件电路原理图如图 3-55 所示，图中 P0_0 是 CC2530 单片机的 P0_0 引脚，也是 ADC 的通道 0。

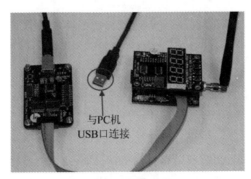

图 3-55　接口连接

② 点击工具栏的"Make"按钮，编译工程，如图 3-56 所示：

图 3-56　编译工程

③ 等待工程编译完成，确保编译没有错误，如图 3-57 所示：

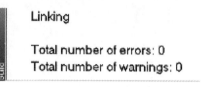

图 3-57　编译完成

④ 在工程目录结构树种的工程名称点击鼠标右键，选择"Options"，并在弹出的对话框中选择左侧的"Debugger"，并在右侧的"Driver"列表中选择"Texas Instruments"，如图 3-58 所示。

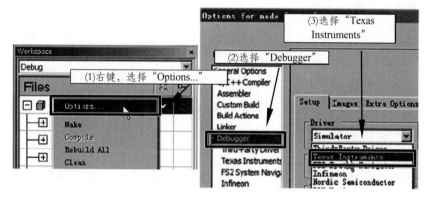

图 3-58　选择调试驱动

⑤ 点击"Download and Debug"按钮，如图 3-59 所示。

⑥ 待程序下载完毕后，点击"Go"按钮，使程序开始运行，如图 3-60 所示。

图 3-59　下载并进入调试状态

图 3-60　运行程序

⑦ 双击打开串口调试助手，运行串口调试助手，按照图 3-61 所示设置各项参数。

⑧ 设置完毕后，点击"打开端口"在串口调试助手中查看 CC2530 发送过来的 ADC 转换结果，约 1 秒更新一次，用螺丝刀拧动电位器上面的旋钮，观察串口输出的 ADC 结果变化，如图 3-62 所示。

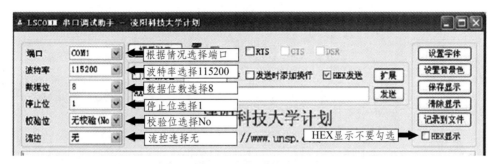

图 3-61　设置串口调试助手参数

图 3-62　效果图

思考:

在 P0_0 口接入传感器,代码需要变化吗?

3.4.4　温度传感器采集温度

1. 原理说明

CC2530_ADC 特点: ADC 转换位可选,8~14 位;8 个独立可配置输入通道参考电压可选择内/外部单一参考电路、外部差分电路或 AVDD_SoC;可产生中断请求;可使用 DMA 数据传输模式;片内温度传感器输入;电源电压检测。原理图如图 3-63 所示。

除了输入引脚 AIN0-AIN7,片上温度传感器的输出也可以选择作为 ADC 的输入,用于温度测量。为此寄存器 TR0.ADCTM 和 ATEST.ATESTCTRL 必须分别按表 3-14 与 3-15 所示设置。

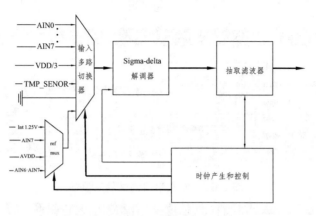

图 3-63　原理图

表 3-14　TR0（0x624B）-测试寄存器 0

位	名称	复位	R/W	描述
7：1	-	0000 000	R0	保留：写作 0。
0	ACTM	0	R/W	设置为 1 为连续温度传感器到 SOC_ADC。也可参见 ATEST 寄存器描述来使能 19.15.3 节的温度传感器
位	名称	复位	R/W	描述
7：1	-	0000 000	R0	保留：写作 0。
0	ACTM	0	R/W	设置为 1 为连续温度传感器到 SOC_ADC。也可参见 ATEST 寄存器描述来使能 19.15.3 节的温度传感器

表 3-15　ATEST（0x61BD）-模拟测试控制

位	名称	复位	R/W	描述
7：6	-	00	R0	保留：写作 0。
5：0	ATEST_CTRL[5：0]	00 0000	R/W	控制模拟测试模式： 00 0001：使能温度传感器（也可见 12.2.10 节 TR0 寄存器描述）。其他值保留

　　ADC 中断，当通过写 ADCCON3 触发的一个单个转换完成时，ADC 将产生一个中断。当完成一个序列转换时，不产生一个中断。

　　ADCCON3 寄存器控制单个转换的通道号码、参考电压和抽取率。单个转换在寄存器 ADCCON3 写入后将立即发生，或如果一个转换序列正在进行，该序列结束之后立即发生。该寄存器位的编码和 ADCCON2（可查 CC2530 中文数据手册完全版）是完全一样的。

　　2. 任务实施

　　利用 AD 模块的温度传感器，采集室内的温度，并通过串口，在 PC 机的串口调试助手中显示。

```
#include "iocc2530.h"
#include "stdio.h"
#include "string.h"
```

```
void tmp_init（）
{
    IEN0=0；IEN1=0；IEN2=0；//关闭所有的中断
    TR0=0X01；//连接温度传感器的输出到 ADC 转换通道
    ATEST=0X01；//使能温度传感器
}
float tmp_process（）
{
    unsigned int value；
    //选择片内电压 1.25，选择 512 的抽取率（12 位），片内温度传感器
    ADCCON3=0X3E；
    ADCCON1=0X30；//选择手动方式开启
    ADCCON1|=0X40；//开始转换
    while（！（ADCCON1&0x80））；//等待转换完成
    value=ADCL>>4；//把 4 位存入 Value
    value|=（（unsigned int）ADCH<<4）；
    return（value-1367.5）/4.5-5；//根据 AD 值，计算出实际的温度，芯片手册有错，温度
系数应该是 4.5 /°C
}
//初始化串口
void uart_init（）
{
    CLKCONCMD&=～0X40；//系统时钟选择 32M 晶振
        while（！（CLKCONSTA&0X40））；//等待晶振稳定
    CLKCONCMD&=～0X47；//系统主时钟选择 32M
    P0SEL=0X0C；//设置 P0_2，P0_3 为外设
    PERCFG=0X00；//外设位置为 1
    U0CSR|=0XC0；//选择 UART 模式，接收使能
    IEN0==0X84；//开启总中断，开启 uart0 中断
    //设置波特率为 115200
    U0GCR=11；
    U0BAUD=216；
    UTX0IF=0；
    URX0IF=0；
}
void send_string（char *data，int len）
{
    int i；
    for（i=0；i<len；i++）
```

```
    {
      U0DBUF=*data++;
      while（UTX0IF==0）;
      UTX0IF=0;
    }
  }
  void delay（int num）
  {
    int i，j;
    for（i=num；i>0；i--）
      for（j=110；j>0；j--）;
  }
  void main（）
  {
      char i=0；//64 次循环的变量
      char strTemp[6]；//用来存放字符串
      float tmpvalue=0；//温度的变量
      tmp_init（）；//初始化温度传感器
      uart_init（）；//初始化串口
      while（1）
      {
        for（i=0；i<64；i++）
        {
            tmpvalue+=tmp_process（）；//获取每次温度值
            tmpvalue=tmpvalue/2;
        }
      memset（strTemp，0，6）；//初始化数组，全为 0
      sprintf（strTemp，"%.02f"， tmpvalue）；//将浮点型转为字符串
      printf（"%0.2f\n"，tmpvalue）;
      send_string（strTemp，5）;
      delay（2000）;
      }
  }
```

3.4.5　雨滴传感器采集

1. 原理说明

（1）雨滴传感器简介

雨滴传感器采用日本进口的特殊电子浆料和先进的厚膜技术制作的专门用于检测雨滴的

一种新型传感元件。该元件广泛用于需要检测雨滴的各种场所，如：无人值守的机房、宾馆高楼的门窗，高级轿车、客车的门窗，以及各种货场等等的自动控制，以防止雨水的侵蚀。

（2）使用的环境条件

环境温度：−20 ~ +50 ℃；

环境湿度：RH≤95%%；

大气压力：86 KPa ~ 106 KPa

（3）雨滴传感器工作原理

工作原理如图 3-63 所示。

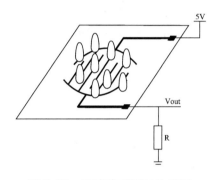

图 3-63　雨滴传感器工作原理

当检测到雨滴时，雨滴传感器的电导率升高，电路中的电流增大，Vout 端输出的电压值增大。

雨滴传感器可以在规定的工作条件下设计在控制的电路做传感之用，以接通各种控制电路。根据传感器的工作电压和电流选取适当的限流电阻以保证其正常工作。将传感器放在适当的位置，保证能在刚下雨时就能接受到雨滴，当传感器接收到雨滴后，发出信号接通控制器，通过控制器使执行机构动作而关好门窗。传感器应有必要的防护措施，以保证传感器不受损害。

传感器在使用和存放中应避免剧烈的振动和各种腐蚀性物质的伤害。存放在干燥的容器内。

雨滴传感器和 CC2530 节点电路连接如图 3-64 所示。

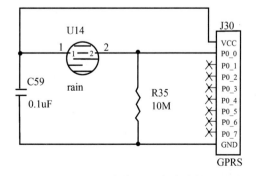

图 3-64　雨滴传感器电路连接图

图中 J30 与 CC2530 单片机的 P0 口相连，传感器的工作电压规定为 3V，R35 为分压电阻，C59 为滤波电容，单片机从传感器的 2 引脚进行电压采样，流程图如图 3-65 所示。

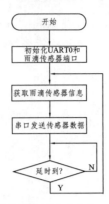

图 3-65　雨滴传感器驱动流程图

2. 任务实施

```
#include"ioCC2530.h"
#include <string.h>
#define u8 unsigned int
#define uint8 unsigned char
#define uint16 unsigned int
#define S0 P0_0
void chushiz（ ）
{
    P2SEL&= ~ 0X01；
    P2DIR|=0X01；
    P2_0=1；
    P0DIR&= ~ 0x01；
        P0SEL&= ~ 0x01；
        P0INP|=0x01；
}
void delay（u8 i）
{
    u8 j，k；
    for（j=0；j<i；j++）
    for（k=0；k<2000；k++）；
}
void initUARTtx（void）
{
    CLKCONCMD&= ~ 0x40；
        while（!（CLKCONSTA&0x40））；
        CLKCONCMD&= ~ 0x47；
        //SLEEPCMD|=0x04；
```

```
    PERCFG&=~0x01;
    P0SEL|=0x0c;
    U0CSR|=0x80;
    U0GCR|=11;
    U0BAUD|=216;
    U0CSR|=0x40;
    UTX0IF=0;
    IEN0|=0x84;
}
uint8 GetIOLevel（ ）
{
return（P0）;
}
void send（char *c，u8 l）
{
    u8 j;
    for（j=0；j<l；j++）{
    U0DBUF=*c++;
    while（UTX0IF==0）;
    UTX0IF=0;
    }
}
void UART0_Dis_uNum（uint16 uValue）
{
    uint8 i;
    char cData[5] = {'0'，'0'，'0'，'0'，'0'};
    cData[0] = uValue % 100000 / 10000 + '0';
    cData[1] = uValue % 10000 / 1000 + '0';
    cData[2] = uValue % 1000 / 100 + '0';
    cData[3] = uValue % 100 / 10 + '0';
    cData[4] = uValue % 10 / 1 + '0';
    if（0 != uValue）
    {
        for（i=0；  i<5；i++）
        {
            if（'0' != cData[i]）
                break;
            if（'0' == cData[i]）
                cData[i] = ' ';
```

```
      }
    }
    else if ( 0 == uValue )
    {
      for ( i=0; i<4; i++ )
      {
          cData[i] = ' ';
      }
    }
    //数字和其他输出内容前后都有一个空格间距
    send ( " ", 1 );
    send ( cData, 5 );
    send ( " ", 1 );
}
void main ( )
{
    chushiz ( );
    initUARTtx ( );
    while ( 1 ) {
      S0=GetIOLevel ( );
    UART0_Dis_uNum ( S0 );
      if ( 0==S0 ) {
      send ( "sunny!\r\n", sizeof ( "sunny!\r\n" ) -1 );
      P2_0=0;
      delay ( 255 );
      P2_0=1;
      delay ( 255 );
    }
    else if ( 1==S0 )
{
      send ( "raining!\r\n", sizeof ( "raining!\r\n" ) -1 );
      P2_0=!P2_0;
      delay ( 255 );
    }
    }
}
```

3. 完成步骤

（1）按图 3-66 所示完成硬件连接（传感器工作电压选择 3.3 V）。

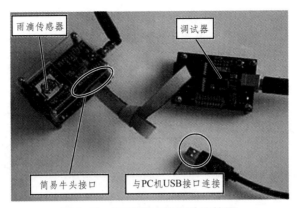

图 3-66　雨滴传感器硬件连接图

（2）新建一个工程；

（3）新建一个 C 语言文件；

（4）根据流程图编写相应的驱动程序；

（5）将 C 语言文件添加到工程中；

（6）下载调试程序，观察现象。雨滴传感器可用于检测是否有降雨，当传感器表面比较干燥，检测结果显示"Sunny"，当传感器表面比较潮湿，检测结果显示"Raining"，如图 3-67 所示。

图 3-67　串口调试助手中的雨滴传感器信息

3.4.6　光照传感器数据采集

1. 原理说明

节点采集光照数据无线发送给协调器，协调器通过串口输出数据 PC 机显示。

光敏电阻工作原理简介：本实训采用光敏电阻来采集光照度信息。它的工作原理是基于光电效应。在半导体光敏材料两端装上电极引线，将其封装在带有透明窗的管壳里就构成光敏电阻。为了增加灵敏度，两电极常做成梳状。构成光敏电阻的材料有金属的硫化物、硒化物、碲化物等半导体。半导体的导电能力取决于半导体导带内载流子数目的多少。当光敏电阻受到光照时，价带中的电子吸收光子能量后跃迁到导带，成为自由电子，同时产生空穴，电子—空穴对的出现使电阻率变小。光照愈强，光生电子—空穴对就越多，阻值就愈低。当光敏电阻两端加上电压后，流过光敏电阻的电流随光照增大而增大。入射光消失，电子-空穴对逐渐复合，电阻也逐渐恢复原值，电流也逐渐减小，如图 3-68 所示。

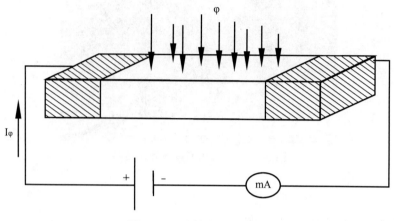

图 3-68　光敏电阻原理图

2. 任务实施

光照采集代码段：

```
uint16 ReadLightData（void）
{
    uint16 reading = 0；
    uint16 total = 0；
    int i；
    P0SEL &=  ~0x02；    //设置为普通 IO
    P0DIR &=  ~0x02；    //设置 P0.5 为输入方式
    asm（"NOP"）；asm（"NOP"）；
    for（i = 0；i < 4；i++）
      {
        APCFG |= 1 << 1；    //注意这里是设置 ADC 输入通道！！
        ADCCON3 = 0x80|0x20|0x01；    //AVDD5 参考电压 10 位分辨率通道 5 使能
        ADCCON1 |= 0x30；    //手动模式
        ADCCON1 |= 0x40；    //开启单通道 ADC
        while（!（ADCCON1 & 0x80））；    //等待 AD 转换完成
        reading = ADCL；
        reading |=（（uint16）ADCH）<< 8；
        reading >>= 6；
        total += reading；
      }
    total >>= 2；    //求 4 次平均值
    return total；
}
```

3.5　基于 ZigBee 协议栈组网

3.5.1　ZigBee 协议栈的认识

ZigBee 的体系结构由称为层的各模块组成。每一层为其上层提供特定的服务：即由数据服务实体提供数据传输服务；管理实体提供所有的其他管理服务。每个服务实体通过相应的服务接入点（SAP）为其上层提供一个接口，每个服务接入点通过服务原语来完成所对应的功能，如图 3-69 所示。

ZigBee协议体系结构

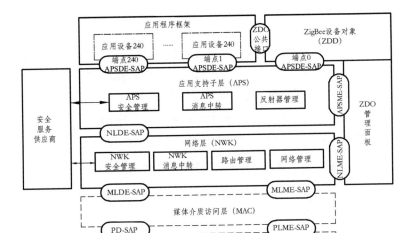

图 3-69　ZigBee 的体系结构

物理层（PHY）：物理层定义了物理无线信道和 MAC 子层之间的接口，提供物理层数据服务和物理层管理服务。

物理层内容：1）ZigBee 的激活；2）当前信道的能量检测；3）接收链路服务质量信息；4）ZigBee 信道接入方式；5）信道频率选择；6）数据传输和接收。

介质接入控制子层（MAC）：MAC 层负责处理所有的物理无线信道访问，并产生网络信号、同步信号；支持 PAN 连接和分离，提供两个对等 MAC 实体之间可靠的链路。

MAC 层功能：

1）网络协调器产生信标；

2）与信标同步；

3）支持 PAN（个域网）链路的建立和断开；

4）为设备的安全性提供支持；

5）信道接入方式采用免冲突载波检测多址接入（CSMA-CA）机制；

6）处理和维护保护时隙（GTS）机制；

7）在两个对等的 MAC 实体之间提供一个可靠的通信链路。

网络层（NWK）：ZigBee 协议栈的核心部分在网络层。网络层主要实现节点加入或离开网络、接收或抛弃其他节点、路由查找及传送数据等功能。

网络层功能：1）网络发现；2）网络形成；3）允许设备连接；4）路由器初始化；5）设备同网络连接；6）直接将设备同网络连接；7）断开网络连接；8）重新复位设备；9）接收机同步；10）信息库维护。

应用层（APL）：ZigBee 应用层框架包括应用支持层（APS）、ZigBee 设备对象（ZDO）和制造商所定义的应用对象。

应用支持层的功能包括：维持绑定表、在绑定的设备之间传送消息。

ZigBee 设备对象的功能包括：定义设备在网络中的角色（如 ZigBee 协调器和终端设备），发起和响应绑定请求，在网络设备之间建立安全机制。ZigBee 设备对象还负责发现网络中的设备，并且决定向他们提供何种应用服务。

ZigBee 应用层除了提供一些必要函数以及为网络层提供合适的服务接口外，一个重要的功能是应用者可在这层定义自己的应用对象。

应用程序框架（AF）：运行在 ZigBee 协议栈上的应用程序实际上就是厂商自定义的应用对象，并且遵循规范（profile）运行在端点 1～240 上。在 ZigBee 应用中，提供 2 种标准服务类型：键值对（KVP）或报文（MSG）。ZigBee 设备对象（ZDO）：远程设备通过 ZDO 请求描述符信息，接收到这些请求时，ZDO 会调用配置对象获取相应描述符值。另外，ZDO 提供绑定服务，协议栈分层架构与代码文件夹对应关系如表 3-16 所示。

表 3-16　协议栈分层架构与代码文件夹对应关系

协议栈体系分层架构与协议栈代码文件夹对应表如下：

协议栈体系分层架构	协议栈代码文件夹
物理层（PHY）	硬件层目录（HAL）
介质接入控制子层（MAC）	链路层目录（MAC 和 Zmac）
网络层（NWK）	网络层目录（NWK）
应用支持层（APS）	网络层目录（NWK）
应用程序框架（AF）	配置文件目录（Profile）和应用程序（sapi）
ZigBee 设备对象（ZDO）	设备对象目录（ZDO）

Z-Stack 体系架构

Z-Stack 由 main（）函数开始执行，main（）函数共做了 2 件事：系统初始化与开始执行轮转查询式操作系统，如图 3-70 所示。

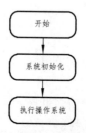

图 3-70　协议栈执行流程

1. ZStack 协议栈代码（IAR 工程进行设计）

C：\Texas Instruments\ZStack-CC2530-2.3.0-1.4.0\Projects\zstack\Samples\SampleApp\CC2530DB

利用 ZStack 进行二次开发，根据路径，工程打开，如图 3-71 所示。

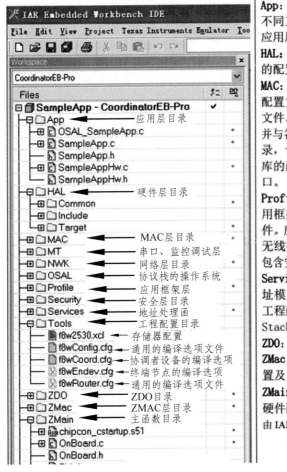

App：应用层目录，这是用户创建各种不同工程的区域，在这个目录中包含了应用层的内容和这个项目的主要内容。**HAL**：硬件层目录，包含有与硬件相关的配置和驱动及操作函数。**MAC**：MAC 层目录，包含了 MAC 层的参数配置文件及其 MAC 的 LIB 库的函数接口文件。　**MT**：实现通过串口可控制各层，并与各层进行直接交互 **NWK**：网络层目录，包含网络层配置参　数文件网络层库的函数接口文件及 APS 层库的函数接口。　**OSAL**：协议栈的操作系统。

Profile：Application framework 应用框架层目录，包含 AF 层处理函数文件。应用框架层是应用程序和 APS 层的无线数据接口。　**Security**：安全层目录，包含安全层处理函数，比如加密函数等。**Services**：地址处理函数目录，包括地址模式的定义及地址处理函数。　**Tools**：工程配置目录，包括空间划分　及 Z-Stack 相关配置信息。

ZDO：ZDO 目录

ZMac：MAC 层目录，包括 MAC 层参数配置及 MAC 层 LIB 库函数回调处理函数。

ZMain：主函数目录，包括入口函数及硬件配置文件。　**Output**：输出文件目录，由 IAR IDE 自动生成。

图 3-71　打开工程

ZStack：

（1）遵循 ZigBee 通信协议标准（设备角色：协调器、路由、终端节点）；

（2）通信地址：IEEE MAC 全球唯一长地址：64bit，16 位短地址：协调器给它分配短地址，目的是减低负担，提高数据包利用率；

（3）自主网、自愈；

（4）网络拓扑结构：星型、树型和网状网

（5）协议栈封装、硬件操作接口封装、任务执行封装（只需修改 SampleApp.c）

（6）协议栈的启动流程（ ）：

Zmain.c　--->

main（ ）　--->

　　osal_init_system（);　　// 任务调度初始化

```
            osalInitTasks（ ）;      --->默认启动了最多 9 个任务，添加到队列，序号：0～8
```
最后通过调用 SampleApp_Init（ ）实现用户自定义任务的初始化（用户根据项目需要修改该函数）

```
                    osal_start_system（ ）; // No Return from here   --->进入任务轮询处理
    void osal_start_system（void）
    {
      for（;;）// Forever Loop
      {
        uint8 idx = 0;
        osalTimeUpdate（ ）;
        Hal_ProcessPoll（ ）;    // This replaces MT_SerialPoll（ ）and osal_check_timer（ ）.
    Do
      {
          if（tasksEvents[idx]）// Task is highest priority that is ready. ---> uint16 *tasksEvents;
---> uint16 tasksEvents[9]; --->每个 16bit 作为该任务的事件指示位
          {
            break;
          }
      } while( ++idx < tasksCnt );    ---->       const uint8 tasksCnt = sizeof( tasksArr )/ sizeof
（ tasksArr[0]）;    ---> 9
      if（idx < tasksCnt）  //判断任务的序号是否有效
      {
        uint16 events;
        halIntState_t intState;
        HAL_ENTER_CRITICAL_SECTION（intState）;
        events = tasksEvents[idx];    //提取任务的事件状态值
        tasksEvents[idx] = 0;    // Clear the Events for this task.
        HAL_EXIT_CRITICAL_SECTION（intState）;
        events =（ tasksArr[idx]）( idx, events );    //对该任务进行处理操作---> SampleApp_
ProcessEvent（ ）
        HAL_ENTER_CRITICAL_SECTION（intState）;
        tasksEvents[idx] |= events;    // Add back unprocessed events to the current task.
        HAL_EXIT_CRITICAL_SECTION（intState）;
      }
#if defined（POWER_SAVING）
      else    // Complete pass through all task events with no activity?
      {
        osal_pwrmgr_powerconserve（ ）;    // Put the processor/system into sleep
      }
```

```
#endif
    }
}
```
SampleApp_ProcessEvent（）函数的主要工作　---->处理协议栈分发给该任务的一些事件

```
        // Received when a messages is received（OTA）for this endpoint
        case AF_INCOMING_MSG_CMD：     //有数据包要接收
            SampleApp_MessageMSGCB（MSGpkt）；     //收包处理函数
            break；

        // Received whenever the device changes state in the network
        case ZDO_STATE_CHANGE：        //网络状态变更
```

2. ZStack-CC2530-2.3.0 网络拓扑结构

在文件 nwk_globals.h 中找到 NWK_MODE 可设置网络拓扑结构。

例如：#define NWK_MODE　　　　NWK_MODE_MESH　　//设置为 mesh 网络拓扑

（1）必须有且只有一个协调器，可以有路由或者终端节点连入（只要两个设备就可以组网）

（2）通过工程选择设备角色

（3）设置网络 ID　Tools---->f8wConfig.cfg-->-DZDAPP_CONFIG_PAN_ID=0xFFFF　--->0xFFFF 机---->自定义：0x1—0x3FFF

　　设置信道位置。-DDEFAULT_CHANLIST=0x00000800　// 11 - 0x0B　　//信道设置

（4）添加响应（业务逻辑）---->uint16 SampleApp_ProcessEvent（uint8 task_id，uint16 events）（）

（5）收发的关键点与触发时刻：进入事件轮训后的第一个事件：网络状态变化事件--->处理函数 SampleApp_ProcessEvent（）

① 协调器：从没有网络到组建起网络，触发网络状态变更事件：ZDO_STATE_CHANGE

② 路由/节点：从没有接入网络到接入网络，触发网络状态变更事件：ZDO_STATE_CHANGE

处理方法：

```
        case ZDO_STATE_CHANGE：
            SampleApp_NwkState =（devStates_t）（MSGpkt->hdr.status）；
            if（（SampleApp_NwkState == DEV_ZB_COORD）
                ||（SampleApp_NwkState == DEV_ROUTER）
                ||（SampleApp_NwkState == DEV_END_DEVICE））
            {
                // Start sending the periodic message in a regular interval.---->默认启动第二
个事件 SAMPLEAPP_SEND_PERIODIC_MSG_EVT
                osal_start_timerEx（SampleApp_TaskID，
                                    SAMPLEAPP_SEND_PERIODIC_MSG_EVT，
                                    SAMPLEAPP_SEND_PERIODIC_MSG_TIMEOUT）；
```
//5 s 定时事件

```
                }
                else
                {
                    // Device is no longer in the network
                }
                break；
```

协议栈默认启动的第二个事件：SAMPLEAPP_SEND_PERIODIC_MSG_EVT --->处理函数 SampleApp_ProcessEvent（）

处理方法：

```
    //定时事件处理功能
    if（events & SAMPLEAPP_SEND_PERIODIC_MSG_EVT）  //匹配成功 SAMPLEAPP_SEND_PERIODIC_MSG_EVT  事件
    {
        // Send the periodic message
        SampleApp_SendPeriodicMessage（）;        //定时事件具体处理函数
        // Setup to send message again in normal period（ + a little jitter）        默认启动第下一个事件 SAMPLEAPP_SEND_PERIODIC_MSG_EVT
        osal_start_timerEx（SampleApp_TaskID，SAMPLEAPP_SEND_PERIODIC_MSG_EVT，
            （SAMPLEAPP_SEND_PERIODIC_MSG_TIMEOUT+（osal_rand（）& 0x00FF）））;
        // return unprocessed events
        return（events ^ SAMPLEAPP_SEND_PERIODIC_MSG_EVT）;
    }
```

3.5.2　点对点组网—成功时在协议栈中点亮 D9 灯

利用协议栈，在协议栈里进行开发，组成点对点网络，一个协调器、一个终端。组网成功同时点亮 D8 灯—P2_0，现实组网成功。（编译时在设置工程->option 选项，C/C++ Compiler 选项，取消 Require prototype 选项）

目标：熟悉协议栈结构；利用 ZStack 进行二次开发

1. 任务实施，包括以下 2 步

（1）修改代码：

```
uint16 SampleApp_ProcessEvent（uint8 task_id， uint16 events）
{
    afIncomingMSGPacket_t *MSGpkt;
    （void）task_id;    // Intentionally unreferenced parameter

    if（events & SYS_EVENT_MSG）
    {
```

```
MSGpkt = ( afIncomingMSGPacket_t * ) osal_msg_receive ( SampleApp_TaskID );
while ( MSGpkt )
{
    switch ( MSGpkt->hdr.event )
    {
        // Received when a messages is received ( OTA ) for this endpoint
        case AF_INCOMING_MSG_CMD:
            SampleApp_MessageMSGCB ( MSGpkt );
            break;
        // Received whenever the device changes state in the network
        case ZDO_STATE_CHANGE:
            SampleApp_NwkState = ( devStates_t ) ( MSGpkt->hdr.status );
            if (( SampleApp_NwkState == DEV_ZB_COORD )
                || ( SampleApp_NwkState == DEV_ROUTER )
                || ( SampleApp_NwkState == DEV_END_DEVICE ))
            {
                //点灯 P2_0?
                P2SEL &= ~ 0x01;
                P2DIR |= 0x01;     // 定义 P10、P11 为输出
                P2_0 = 0; //低电平亮灯
                // Start sending the periodic message in a regular interval.
                osal_start_timerEx ( SampleApp_TaskID,
                                SAMPLEAPP_SEND_PERIODIC_MSG_EVT,
                                SAMPLEAPP_SEND_PERIODIC_MSG_TIMEOUT );
            }
            else
            {
                // Device is no longer in the network
            }
            break;
        default:
            break;
    }
    return 0;
}
```

（2）编译前进行工程的以下设置，工程名上点击右键，选择 Options，如图 3-72 所示。

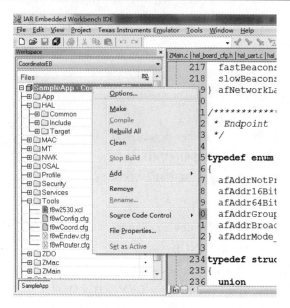

图 3-72　选项选择

选择 C/C++ Compiler 选项，取消 Require prototype 选项（默认是勾选上的，取消勾选），如图 3-73 所示。

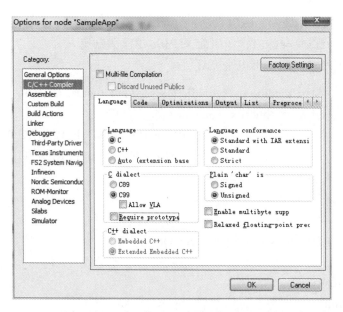

图 3-73　取消 Require prototype 选项

在一个板上烧写协调器，如图 3-74 所示。另一块板上烧写终端图 3-75 所示。

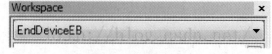

图 3-74　烧写协调器　　　　　　　　　图 3-75　烧写终端代码

3.5.3　定时事件测试

修改 Z-stack 中的 SampleApp_SendPeriodicMessage（）；函数，完成协调器广播通信，发送字符串 "Hello world!"。

实现定时事件测试-反转 D9 灯，核心代码如下：

```
uint16 SampleApp_ProcessEvent（uint8 task_id，uint16 events）
{
    afIncomingMSGPacket_t *MSGpkt；
    （void）task_id；    // Intentionally unreferenced parameter
    if（events & SYS_EVENT_MSG）
    {
...
            default：
                break；
    }

    if（events & SAMPLEAPP_SEND_PERIODIC_MSG_EVT）
    {
        P1_0 ^= 1；    //反转灯测试定时事件的到来
        // Send the periodic message
        SampleApp_SendPeriodicMessage（）；    //定时事件的具体处理函数----->协调器与节
点需要区分开
        // Setup to send message again in normal period（+ a little jitter）
        osal_start_timerEx（SampleApp_TaskID，SAMPLEAPP_SEND_PERIODIC_ MSG_EVT，
            （SAMPLEAPP_SEND_PERIODIC_MSG_TIMEOUT + （osal_rand（）& 0x00FF）））；

        // return unprocessed events
        return（events ^ SAMPLEAPP_SEND_PERIODIC_MSG_EVT）；
    }
    return 0；
}
//默认的定时事件的具体处理函数
void SampleApp_SendPeriodicMessage（void）
{
 //调用 AF_DataRequest 实现数据包发送
    if（AF_DataRequest（&SampleApp_Periodic_DstAddr，
        &SampleApp_epDesc，
                        SAMPLEAPP_PERIODIC_CLUSTERID，
```

```
                          1,
                          （uint8*）&SampleAppPeriodicCounter，
&SampleApp_TransID，
                          AF_DISCV_ROUTE，
                          AF_DEFAULT_RADIUS）== afStatus_SUCCESS）
   {
   }
   else
   {
      // Error occurred in request to send.
   }
}
```

任务参考例程：

发送"Hello world!"，只需按照以下内容，修改代码如下：

```
void SampleApp_SendPeriodicMessage（void）
char string[]="Hello world!"；
if（AF_DataRequest（&SampleApp_Periodic_DstAddr，&SampleApp_epDesc，
                          SAMPLEAPP_PERIODIC_CLUSTERID，
                          sizeof（string）-1，
                          string，//（uint8*）&SampleAppPeriodicCounter
&SampleApp_TransID，
                          AF_DISCV_ROUTE，
                          AF_DEFAULT_RADIUS）== afStatus_SUCCESS）
   {
   }
```

3.5.4　Z-stack 中如何修改默认的 LED 的设置

1. 任务分发

修改 Z-stack 中的 HalLedBlink（HAL_LED_4，4，50，（flashTime / 4））;（设置 LED 灯的）函数，使得当终端节点接收到信息"Hello world!"时，P1_1（D9）灯闪烁。

2. 任务实施

Z-stack 中如何修改默认的 LED 的设置，并且讲解了 HalLedBlink 的函数，以及如何使用此函数简便的输出 PWM 波形。Z-stack 的中默认的 LED 是 P1_0，P1_1，P1_4，并且是高电平触发，如果自身的板子中与其设计不一样的话，是没有办法直接使用其控制 LED 的函数 HalLedBlink（HAL_LED_2，5，50，200）。当然，还是可以使用直接操作 IO 口的方法来操作 LED 灯，不过 HalLedBlink（）这个函数是十分方便的，下面介绍如何修改 LED。由于一般实验室的板子是低电平触发的，所以首先可以修改触发方式。修改触发方式，改为低电平触发。

找到 hal_board_cfg.h 文件如图 3-76 所示。

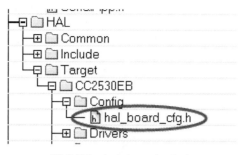

图 3-76　hal_board_cfg.h

然后找到 116 和 123，将 ACTIVE_HIGH 改为 ACTIVITY_LOW，如图 3-77 所示。

```
111
112 /* 1 - Green */
113 #define LED1_BV          BV(0)
114 #define LED1_SBIT        P1_0
115 #define LED1_DDR         P1DIR
116 #define LED1_POLARITY    ACTIVE_LOW
117
```

图 3-77　设置低电平触发

我的板子上 LED3 是 P1_7，所以可想而知，修改的方法是把第 127，128 行改为
#define LED3_BV BV（7）
#define LED3_SBIT P1_7
如果不用这些 LED，建议删除这些语句，否则可能会对其他 IO 口产生影响。以删除 LED3 为例，除了删除 126 行，如图 3-78 所示。

```
1    /* 3 - Yellow */
2    #define LED3_BV          BV(7)
3    #define LED3_SBIT        P1_7
4    #define LED3_DDR         P1DIR
5    #define LED3_POLARITY    ACTIVE_HIGH
```

图 3-78　设置 P1_7 控制 LED 灯

在 248 行左右，有语句
HAL_TURN_OFF_LED3（ ）;
LED3_DDR |= LED3_BV;
删除上面两句，注意删除整行语句，不要留行间空隙。因为这么多行是同一个 define 语句另介绍 Z-stack 操作 LED 的函数 HalLedBlink void HalLedBlink（ uint8 leds，uint8 numBlinks，uint8 percent，uint16 period）

可以看出这些参数分别是，操作哪个 LED 灯，闪几下，亮的时间的百分比，一个闪烁的周期是多少。之所以说这个函数很好用，是因为可以看出来，除了控制 LED 灯闪烁的命令之外，通过百分比和周期的设置，这个函数可以直接控制某个 IO 口输出脉宽调制的波形，也就是这个函数可以用来输出 PWM。

如图 3-79 所示，使用 CC2530 的 P1_7（3.3V）控制一个 5V 的灯，通过 PWM 来控制灯亮度的办法。HalLedBlink 的最后一个参数可以填 10，倒数第二个参数就是高电平时间所占总时间的百分比，值越大灯的平均亮度越高。

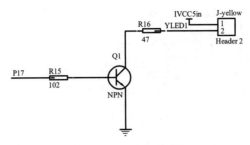

图 3-79　LED 灯电路图

3.5.5　ZigBee 协议栈串口的使用

1. 任务分发

使用 ZigBee 协议栈 HalUARTWrite（uint8 port，uint8 *buf，uint16 len）使得终端节点，接收到信息时，将从协调器接收到的信息发送到串口，并且通过串口调试助手显示。

2. 任务实施

只要做三步：① 串口初始化；② 修改串口初始化参数；③ 修改预编译的内容。

① 串口初始化

在 void SampleApp_Init（uint8 task_id）里加入

MT_UartInit（ ）；//串口初始化

MT_UartRegisterTaskID（task_id）；　　//注册串口任务

HalUARTWrite（0，"UartInit OK\n"，sizeof（"UartInit OK\n"））;

② 修改串口初始化参数

MT_UartInit（ ）；里的

uartConfig.baudRate = MT_UART_DEFAULT_BAUDRATE;

uartConfig.flowControl = MT_UART_DEFAULT_OVERFLOW;

#define MT_UART_DEFAULT_BAUDRATE HAL_UART_BR_38400

默认的波特率是 38 400 bps，现在我们修改成 115 200 bps，修改如下：

#define MT_UART_DEFAULT_BAUDRATE HAL_UART_BR_115200

#define MT_UART_DEFAULT_OVERFLOW TRUE

默认是打开串口流控的，如果你是只连了 TX/RX 2 根线的方式务必关流控。注意：2 根线的通讯连接一定要关流控，不然是永远收发不了信息的，现在大部产品很少用流控。

#define MT_UART_DEFAULT_OVERFLOW FALSE

③ 修改预编译的内容

在项目配置选项卡中预编译处加入以下一些内容：

ZIGBEEPRO

ZTOOL_P1
xMT_TASK
xMT_SYS_FUNC
xMT_ZDO_FUNC
LCD_SUPPORTED=DEBUG

3.6　接收采集数据-C#串口通信程序设计实现

3.6.1　串口介绍

串行接口简称串口，也称串行通信接口或串行通信接口（通常指 COM 接口），是采用串行通信方式的扩展接口。

串行接口（串口）是一种可以将接受来自 CPU 的并行数据字符转换为连续的串行数据流发送出去，同时可将接受的串行数据流转换为并行的数据字符供给 CPU 的器件。一般完成这种功能的电路，我们称为串行接口电路。

串口通信（Serial Communications）的概念非常简单，串口按位（bit）发送和接收字节。尽管比按字节（byte）的并行通信慢，但是串口可以在使用一根线发送数据的同时用另一根线接收数据。串口通信最重要的参数是波特率、数据位、停止位和奇偶校验。对于两个进行通信的端口，这些参数必须匹配。

（1）波特率：这是一个衡量符号传输速率的参数。指的是信号被调制以后在单位时间内的变化，即单位时间内载波参数变化的次数，如每秒钟传送 960 个字符，而每个字符格式包含 10 位（1 个起始位，1 个停止位，8 个数据位），这时的波特率为 960 Bd，比特率为 10 位×960 个/秒=9600 b/s。

（2）数据位：这是衡量通信中实际数据位的参数。当计算机发送一个信息包，实际的数据往往不会是 8 位的，标准的值是 6、7 和 8 位。标准的 ASCII 码是 0～127（7 位），扩展的 ASCII 码是 0～255（8 位）。

（3）停止位：用于表示单个包的最后几位。典型的值为 1，1.5 和 2 位。由于数据是在传输线上定时的，并且每一个设备有其自己的时钟，很可能在通信中两台设备间出现了小小的不同步。因此停止位不仅仅表示传输的结束，并且提供计算机校正时钟同步的机会。

（4）校验位：在串口通信中一种简单的检错方式。有四种检错方式：偶、奇、高和低。当然没有校验位也是可以的。

3.6.2　C#串口编程类

从.NET Framework 2.0 开始，C#提供了 SerialPort 类用于实现串口控制。命名空间：System.IO.Ports。其中详细成员介绍参看 MSDN 文档。下面介绍其常用的字段、方法和事件。

1. 常用字段，如表 3-17 所示。

表 3-17　串口通信常用字段

名称	说明
PortName	获取或设置通信端口
BaudRate	获取或设置串行波特率
DataBits	获取或设置每个字节的标准数据位长度
Parity	获取或设置奇偶校验检查协议
StopBits	获取或设置每个字节的标准停止位数

2. 常用方法，如表 3-18 所示。

表 3-18　串口常用方法

名称	说明
Close	关闭端口连接，将 IsOpen 属性设置为 false，并释放内部 Stream 对象
GetPortNames	获取当前计算机的串行端口名称数组
Open	打开一个新的串行端口连接
Read	从 SerialPort 输入缓冲区中读取
Write	将数据写入串行端口输出缓冲区

3. 常用事件，如表 3-19 所示。

表 3-19　串口常用事件

名称	说明
DataReceived	表示将处理 SerialPort 对象的数据接收事件的方法

3.6.3　串口工具运行界面设计

串口通信的界面设计包括如图 3-80 所示的组件。

图 3-80　串口通信界面设计

3.6.4 C#代码实现：采用 SerialPort

1. 实例化一个 SerialPort

private SerialPort ComDevice = new SerialPort（ ）;

2. 初始化参数绑定接收数据事件

```
public partial class uart：Form
    {
        //定义端类
        private SerialPort ComDevice = new SerialPort（ ）;
        public uart（ ）
        {
            InitializeComponent（ ）;
            init（ ）;
        }
        public void init（ ）
        {
            btnSend.Enabled = false;
            cbbComList.Items.AddRange（SerialPort.GetPortNames（ ））;
            if（cbbComList.Items.Count > 0）
            {
                cbbComList.SelectedIndex = 0;
            }
            cbbBaudRate.SelectedIndex = 5;
            cbbDataBits.SelectedIndex = 0;
            cbbParity.SelectedIndex = 0;
            cbbStopBits.SelectedIndex = 0;
            // pictureBox1.BackgroundImage = Properties.Resources.red;
            // ComDevice.DataReceived（是一个事件）注册一个方法 Com_DataReceived，
```

当端口类接收到信息时，会自动调用 Com_DataReceived 方法

```
            ComDevice.DataReceived+=new SerialDataReceivedEventHandler（Com_DataReceived）;
        }
```

3. 打开串口 button 事件

```
private void btnOpen_Click（object sender，EventArgs e）
        {
            if（cbbComList.Items.Count <= 0）
            {
                MessageBox.Show（"没有发现串口，请检查线路"）;
```

```
            return;
        }

    if（ComDevice.IsOpen == false）
        {
ComDevice.PortName=cbbComList.SelectedItem.ToString（）;
ComDevice.BaudRate=Convert.ToInt32（cbbBaudRate. SelectedItem. ToString（））;
ComDevice.Parity=（Parity）Convert.ToInt32（cbbParity.SelectedIndex. ToString（））;
ComDevice.DataBits =Convert.ToInt32（cbbDataBits.SelectedItem.ToString（））;
ComDevice.StopBits=（StopBits）Convert.ToInt32（cbbStopBits.SelectedItem.ToString（））;
        try
        {
            ComDevice.Open（）;
            btnSend.Enabled = true;
        }
        catch（Exception ex）
        {
            MessageBox.Show（ex.Message, "错误", MessageBoxButtons.OK,
MessageBoxIcon.Error）;
            return;
        }
        btnOpen.Text = "关闭串口";
    // pictureBox1.BackgroundImage = Properties.Resources.green;
    }
    else
    {
        try
        {
            ComDevice.Close（）;
            btnSend.Enabled = false;
        }
        catch（Exception ex）
        {
            MessageBox.Show（ex.Message, "错误", MessageBoxButtons.OK,
MessageBoxIcon.Error）;
        }
        btnOpen.Text = "打开串口";
    // pictureBox1.BackgroundImage = Properties.Resources.red;
    }
```

```
            cbbComList.Enabled = !ComDevice.IsOpen;
            cbbBaudRate.Enabled = !ComDevice.IsOpen;
            cbbParity.Enabled = !ComDevice.IsOpen;
            cbbDataBits.Enabled = !ComDevice.IsOpen;
            cbbStopBits.Enabled = !ComDevice.IsOpen;
        }
```

4. 发送数据

```
public bool SendData ( byte[] data )
        {
            if ( ComDevice.IsOpen )
            {
                try
                {
                    ComDevice.Write ( data, 0, data.Length ); //发送数据    return true;
                }
                catch ( Exception ex )
                {
                    MessageBox.Show ( ex.Message, "错误", MessageBoxButtons.OK,
MessageBoxIcon.Error );
                }
            }
            else
            {
                MessageBox.Show ( "串口未打开", "错误", MessageBoxButtons.OK,
MessageBoxIcon.Error );
            }
            return false;
        }

        private void btnSend_Click ( object sender, EventArgs e )
        {
            byte[] sendData = null;

            if ( rbtnSendHex.Checked )
            {
                sendData = strToHexByte ( txtSendData.Text.Trim ( ));
            }
```

```
            else if（rbtnSendASCII.Checked）
            {
                sendData = Encoding.ASCII.GetBytes（txtSendData.Text.Trim（ ））;
            }
            else if（rbtnSendUTF8.Checked）
            {
                sendData = Encoding.UTF8.GetBytes（txtSendData.Text.Trim（ ））;
            }
            else if（rbtnSendUnicode.Checked）
            {
                sendData = Encoding.Unicode.GetBytes（txtSendData.Text.Trim（ ））;
            }
            else
            {
                sendData = Encoding.ASCII.GetBytes（txtSendData.Text.Trim（ ））;
            }

            if（this.SendData（sendData））//发送数据成功计数
            {
                lblSendCount.Invoke（new MethodInvoker（delegate
                {
                    lblSendCount.Text =（int.Parse（lblSendCount.Text）+ txtSendData.
Text.Length）.ToString（ ）;
                }））;
            }
            else
            {

            }

        }
        /// <summary>
        ///字符串转换16进制字节数组
        /// </summary>
        /// <param name="hexString"></param>
        /// <returns></returns>
        private byte[] strToHexByte（string hexString）
        {
```

```
            hexString = hexString.Replace（" "，""）;
            if（（hexString.Length % 2）!= 0）
                hexString += " ";
            byte[] returnBytes = new byte[hexString.Length / 2];
            for（int i = 0；i < returnBytes.Length；i++）
                returnBytes[i] = Convert.ToByte（hexString.Substring（i * 2，2）.Replace
（" "，""），16）;

            return returnBytes;
        }
```

5. 接收和数据输出

```
    private void Com_DataReceived（object sender，SerialDataReceivedEventArgs e）
        {
            byte[] ReDatas = new byte[ComDevice.BytesToRead];
            ComDevice.Read（ReDatas，0，ReDatas.Length）; //读取数据
            this.AddData（ReDatas）; //输出数据
        }
        /// <summary>
        ///添加数据
        /// </summary>
        /// <param name="data">字节数组</param>
        public void AddData（byte[] data）
        {
            if（rbtnHex.Checked）
            {
                StringBuilder sb = new StringBuilder（）;
                for（int i = 0；i < data.Length；i++）
                {
                    sb.AppendFormat（"{0：x2}" + " "，data[i]）;
                }
                AddContent（sb.ToString（）.ToUpper（））;
            }
            else if（rbtnASCII.Checked）
            {
                AddContent（new ASCIIEncoding（）.GetString（data））;
            }
            else if（rbtnUTF8.Checked）
            {
                AddContent（new UTF8Encoding（）.GetString（data））;
```

```
        }
        else if ( rbtnUnicode.Checked )
        {
            AddContent ( new UnicodeEncoding ( ) .GetString ( data ));
        }
        else
        { }

        lable.Invoke ( new MethodInvoker ( delegate
        {
            lable.Text = ( int.Parse ( lable.Text ) + data.Length ) .ToString ( );
        } ));
    }
    /// <summary>
    ///输入到显示区域
    /// </summary>
    /// <param name="content"></param>
    private void AddContent ( string content )
    {
        this.BeginInvoke ( new MethodInvoker ( delegate
        {
            if ( chkAutoLine.Checked && txtShowData.Text.Length > 0 )
            {
                txtShowData.AppendText ( "\r\n" );
            }
            txtShowData.AppendText ( content );
        } ));
    }
```

6. 清空数据区域事件

```
    private void btnClearRev_Click ( object sender，  EventArgs e )
    {
        txtShowData.Clear ( );
    }

    private void btnClearSend_Click ( object sender，  EventArgs e )
    {
        txtSendData.Clear ( );
    }
```

7. 点击运行，端口为 COM3（图 3-81）

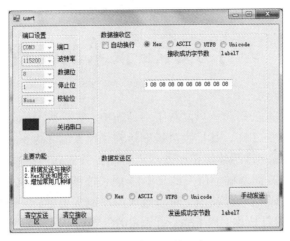

图 3-81　串口通信运行

第 4 章　基于 LoRa 技术的无线传感网

2013 年 8 月，Semtech 公司向业界发布了一种新型、基于 1GHz 以下的超长距低功耗数据传输技术（简称 LoRa）的芯片。其接收灵敏度达到了惊人的-148dbm，该芯片功耗极低且不需要使用昂贵的温补晶振。该芯片用扩频技术，不同扩频序列的终端即使使用相同的频率同时发送也不会相互干扰。在此基础上研发的集中器/网关能够并行接收并处理多个节点的数据，大大扩展了系统容量。采用 LoRa 技术，可以最大程度地实现更长距离的通信与更低的功耗，同时还可节省额外的中继器成本。以 LoRa 为代表的低功耗、远距离网络技术的出现，有机会打破物联网在互联方面的瓶颈，基于该技术的测距和定位功能将会推动它在物联网领域的大规模应用。目前已有 17 个国家公开宣布 LoRa 建网计划，120 多个城市地区已有正在运行的 LoRa 网络。对于 LoRa 网络，美国网络运营商 Senet 于 2015 年年中在北美完成了 50 个基站的建设，覆盖约约 38 850 km²，预计在第一阶段完成超过 200 个基站架设；2016 年，法国电信 Orange 在法国建网；荷兰皇家电信 KPN 在新西兰建网，网络达到了 50%的覆盖率；印度 Tata 宣布在孟买和德里建网；澳大利亚电信公司 Telstra 宣布在墨尔本试点。国内从事 LoRa 模块和方案开发的厂商也很多，如 AUGTEK、唯传科技、通感微电子门思科技等。AUGTEK 在京杭大运河开展的 LoRa 网络建设，将完成 284 个基站的建立，覆盖 1300 km 流域，据悉目前已完成江苏段的全线覆盖。通感微电子成立了专门的项目组从事 LoRa 模块、网关和整体方案的开发，具体包括可实时显示停车位分布状况的停车场监控系统、实现无线土壤检测的智能农业系统、防止盗猎的南非 Kruger 国家公园犀牛保护项目等。

4.1　LoRa 技术概述

LoRa 采用星型网络架构，与网状网络架构相比，它是具有最低延迟、最简单的网络结构。基于 LoRa 的扩频芯片，可以实现节点与集中器直接组网连接，构成星形；对于远距离的节点，可使用网关设备进行中继组网连接。LoRa 网络供应商既可以搭建覆盖范围较广的广域网基础设施，也可以通过简单的网关设备搭建局域网，只要物联网设备中嵌入 LoRa 芯片或模块，即可快速实现组网和快速配置。广域网和局域网两种环境中均可实现便捷组网，在与以自组网见长的 ZigBee 协议比较，具有明显的优势。应用于低成本传感网的解决方案 LoRa 使用新型的扩频调制技术，大大提升了物理层硬件的性能，并且在省电方面相比 WI-FI、蓝牙技术有了明显的改进。

在实际应用中，采用 LoRa 协议的物联网设备无线通信距离超过 15 公里（郊区环境），电池使用寿命可达 10 年以上，并且能够将数百万的无线传感器节点与 LoRa 技术网关连接起来，这一优势是传统网络通信标准无法达到的。几种无线通信方式的传输距离、速率、功耗对比如表 4-1 所示。

表 4-1　几种无线通信方式对比

模式	最远传输距离	最高传输速率	最低接收功耗
Bluetooth	15 m	2	6 mA
Wi-Fi	100 m	54 M/s	105 mA
ZigBee	75 m	250 kB/s	2 mA
LoRa	15 km	600 kB/s	3 mA

此外，LoRa 还有测距和定位功能。LoRa 对距离的测量是基于信号的空中传输时间而非传统的 RSSI，而定位则基于多点（网关）对一点（节点）的空中传输时间差的测量，其定位精度可达 5 m（假设 10 km 的范围）。

LoRa 是一种由 LoRa 联盟推出的远距离通信系统，主要有两个层：物理层和 MAC 层（即 LoRaWAN），如图 4-1 所示。LoRa 物理层主要采用线性调频技术（CSS，Chirp Spread Spectrum），适用于远距离、低功耗、低吞吐量的通信。LoRaWAN 由 LoRa 联盟发布，是一种基于开源的电信级 MAC 层协议。LoRa 是一项私有技术，工作在未授权频段，使用免费的 ISM 频谱，具体频段及规范因地区而异。

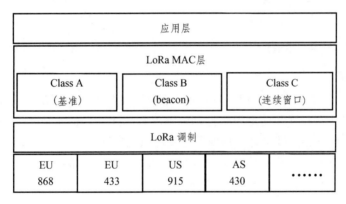

图 4-1　LoRa 层结构

4.2　网络架构

目前，基于 LoRa 技术的网络层协议主要是 LoRaWAN，也有少量的非 LoRaWAN 协议，但是通信系统网络都是星状网架构，以及在此基础上的简化和改进。主要包括 3 种：

1. 点对点通信

一点对一点通信，多见于早期的 LoRa 技术，A 发起，B 点接收，可以回复也可以不回复确认，多组之间的频点建议分开，如图 4-2 所示。单纯利用 LoRa 调制灵敏度高的特性，目前主要针对特定应用和试验性质的项目。优点在于最简单，缺点在于不存在组网。

2. 星状网轮询

一点对多点通信，N 个从节点轮流与中心点通信，从节点上传，等待中心点收到后返回确认，然后下一个节点再开始上传，指导所有 N 个节点全部完成，一个循环周期结束，如图

4-3 所示。该结构本质上还属于点对点通信，但是假如了分时处理，N 个从节点之间的频点可以分开，也可以重复使用。优势在于单项目成本低，不足之处是仅适合从节点数量不大和网络实时性要求不高的应用。

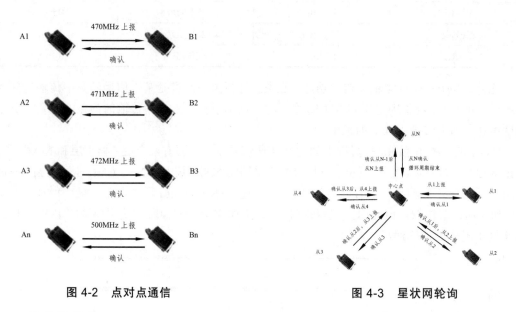

图 4-2　点对点通信　　　　　图 4-3　星状网轮询

3. 星状网并发

如图 4-4 所示，一点对多点通信，多个从节点可同时与中心点通信，从节点可随机上报数据，节点可以根据外界环境和信道阻塞自动采取跳频和速率自适应技术，逻辑上网关可以接受不同速率和不同频点的信号组合，物理上网关可以同时接收 8 路、16 路、32 路甚至更多路数据，减少大量节点上行时冲突的概率。该系统具有极大的延拓性，可单独建网，可交叉组网，LORa 领域内目前主要指 LoRaWAN 技术。

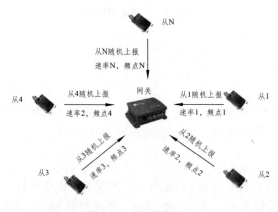

图 4-4　星状网并发

点对点通信和星状网轮询的系统组成比较简单，两端都是节点，分为主从。在主节点收到从节点上行数据后会发下行确认帧给从节点，然后从节点进入休眠、工作模式比较简单。这里主要对 LoRaWAN 星状网并发结构进行展开说明，LoRaWAN 系统主要分为三部分：节点

/终端、网关/基站，以及服务器，如图 4-5 所示。

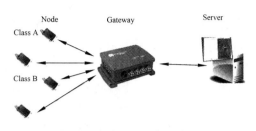

图 4-5　LoRaWAN 系统架构示意图

节点/终端（Node）：LoRa 节点，代表了海量的各类传感应用，在 LoRaWAN 协议里被分为 Class A、Class B 和 Class C 三类不同的工作模式。Class A 工作模式下节点主动上报，平时休眠，只有在固定的窗口期才能接收网关下行数据。Class B、A 的优势市功耗极低，比非 LoRaWAN 的 LoRa 节点功耗更低，比如针对水表应用的 10 年以上工作寿命通常基于 Class A 实现的。Class B 模式市是固定周期时间同步在固定周期内可以随机确定窗口期接收下行数据，兼顾实时性和低功耗，特点是对时间同步要求很高。Class C 模式是常发常收模式，节点不考虑功耗，随时可以接收网关下行数据，实时性最好，适合不考虑功耗或需要大量下行数据控制的应用，比如智能电表或智能路灯控制。

网关/基站（Gateway）：网关是建设 LoRaWAN 网络的关键设备，目的是缓解海量节点数据上报所引发的并发冲突。主要特点：① 兼容性强，所有符合 LoRaWAN 协议的应用都可以接入；② 接入灵活，单网关可接入几十到几万个节点，节点随机入网，数目可延拓；③ 并发性强，网关最少可支持 8 频点，同时随机 8 路数据并发，频点可扩展；④ 可实现全双工通信，上下行并发不冲突，实效性强；⑤ 灵敏度高，同速率下比非 LoRaWAN 设备的灵敏度更高；⑥ 网络拓扑简单，星状网络可靠性更高，功耗更低；⑦ 网络建设成本和运营成本很低。

服务器（Server）：负责 LoRaWAN 系统的管理和数据解析，主要的控制指令都由服务器端下达。根据不同的功能，分为网络服务器（Network Server）与网关通信实现 LoRaWAN 数据包的解析及下行数据打包，与应用服务器通信生成网络地址和 ID 等密钥；应用服务器（Application Server）市用户开发的基于 B/S 或 C/S 架构的服务器，主要处理具体的应用业务和数据呈现。

LoRaWAN 系统的优势包括：覆盖范围广，节省网络优先和施工成本，减少现场施工复杂度；服务器端鉴权可实现交叉覆盖，减少覆盖盲点；服务器端统筹管理，提高信道利用率，增加系统容量；网关多路并发减少冲突，支持节点跳频，增加系统容量；节点速率自适应（Adaptive Date Rate）降低功耗和并发冲突，增加容量；安全性高，两级 AES-128（Advanced Encryption Standard-128）数据加密；星状网络结构提高鲁棒性；LoRaWAN 协议标准化。

4.3　LoRa 物理层

LoRa 网络使用典型的"star-of-stars"拓扑结构（图 4-6）。在该结构中，网关（Gateway）充当中继角色，在终端（end-device）和服务器（Networkserver）之间传递信息。理论上，Gateway

对终端是透明的。Gateway 以标准 IP 接入方式和基站相连，而终端以 LoRa 调制或 FSK 方式和 Gateway 相连。LoRaWAN 支持双向通信，但上行通信占据主导地位。LoRaWAN 不支持终端到终端的直接通信，如有需要，必须通过基站和 Gateway（至少两个）进行中继。

LoRa 调制技术是 Semtech 公司的专利，是 LoRa 物理层的核心。LoRa 调制技术由线性调频扩频技术改进而来，采用一个在时间上线性变化的频率啁啾（chirp）对信息进行编码。由于啁啾脉冲的线性特质，收发装置间的频偏等于时间偏移，很容易在解码器中消除，这也使得 LoRa 调制可以不受多普勒效应的影响。收发器之间的频偏可达带宽的 20%而不影响解码效果，这使得发射器的晶振无需做到高度精准，从而可降低发射成本。LoRa 接收器能够自动跟踪它收到的频率 chirp，提供-130 dBm 的灵敏度。

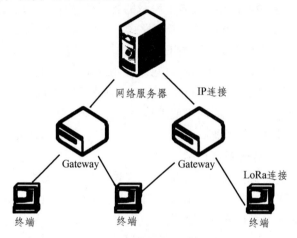

图 4-6　LoRa 网络架构

LoRa 调制主要有三个参数：带宽（BW，Bandwidth）、扩频因子（SF，Spreading Factor）和编码速率（CR，Code Rate）。它们影响了调制的有效比特率、抗干扰及噪声的能力以及解码的难易程度。其中，BW 是最重要的参数。一个 LoRa 符号由 2SF 个 chirp 组成，有效编码了 SF 个比特信息。在 LoRa 中，chirp 速率在数值上等于 BW，即一个 chirp 每秒每赫兹的带宽，见公式（2）。SF 每增加"1"，chirp 的频率跨度就缩小为原来的 1/2，持续时长增加一倍。但这不会导致比特速率的降低，因为每个符号会多传一个比特的信息。给定 SF，符号速率和比特速率正比于 BW，BW 扩大一倍，这两者都会增加一倍。以上关系可由公式（4-1）推出，其中，Ts 是符号周期，其倒数 Rs 为符号速率。

$$\begin{cases} T_s = \dfrac{2^{SF}}{BW} \\[2mm] R_s = \dfrac{1}{T_s} = \dfrac{BW}{2^{SF}} \end{cases} \tag{4-1}$$

记 chirp 速率为 Rc，可得：

$$R_c = R_s \cdot 2^{SF} = \frac{BW}{2^{SF}} \cdot 2^{SF} = BW \tag{4-2}$$

另外，LoRa 包含前向纠错编码，编码速率为 CR：

$$CR = \frac{n}{n+4}, n \in \{1,2,3,4\} \tag{4-3}$$

结合（4-1）、（4-3）两式，可得有用比特速率 Rb：

$$R_b = SF \cdot \left(\frac{BW}{2^{SF}} \right) \cdot CR \tag{4-4}$$

上述参数还会影响解码器的灵敏度。一般来说，BW 的增加会导致接收机灵敏度的降低，而 SF 增加则会提高接收机的灵敏度。降低 CR 有助于减少短脉冲干扰导致的误包率，即 CR 为 4/8 时的传输比 CR 为 4/5 时的传输更具抗干扰性。

4.4　LoRaWAN

2015 年 6 月，LoRa 联盟成立并发布了第一个开放性标准 LoRaWAN R1.0。LoRaWAN 提供了一种物理接入控制机制，使得众多使用 LoRa 调制的终端可以和基站进行通信。

4.4.1　LoRa 帧

LoRa 帧起始于 preamble，其中编码了同步字（syncword），用来区分使用了相同频带的 LoRa 网络。如果解码出来的同步字和事先配置的不同，终端就不会再听这个传输。接着是可选头部（header），用来显示负载的大小（2-255 个 Byte），传输所用的数据速率（0.3 kbit/s-50 kbit/s）以及在帧尾是否存一个用于负

载的 CRC。PHDR_CRC 用来校验 header，若 header 无效，则丢弃该包。图 4-7 给出了帧结构的细节。MAC 头（MHDR，MAC Header）指示了 MAC 消息的种类（MType）和 LoRaWAN 的版本号，RFU（Reserved for Future Use）是保留域。LoRaWAN 定义了 6 种 MAC 消息，其中接入请求消息（join-requestmessage）和接入准许消息（join-accept message）用于空中激活（OTAA，Over-The-Air Activation）；其余 4 种是数据消息，可以是 MAC commands 或应用数据，也可以是两种消息的结合。需确认的消息（confirmed data）需要接收端回复；无需确认的消息（unconfirmed data）则不用。

MACPayload 即所谓的"数据帧"，最大长度 M 因地区而异。帧头（FHDR，Frame Header）包含设备地址、帧控制（FCtrl，上下行不同）、帧计数器（FCnt）和帧选项（FOpts）4 个部分。FRMPayload 即帧负载，使用 AES-128 加密，用于承载具体的应用数据或者 MAC commands。FCtrl 的上下行内容不同。其中，自适应数据速率（ADR，Adaptive Data Rate）用来调节终端速率，终端应尽量使用 ADR，以延长电池寿命并最大化网络容量。FPending，帧悬挂，只用于下行，表示 Gateway 还有信息要发给终端，因此要求终端尽快发送一个上行帧来打开接收窗口。对于 Class B，RFU 改为 Class B，该比特为"1"表示终端进入 Class B 模式。

FOptsLen 用来指示 FOpts 的实际长度。FCnt 只计算新传，分为 FCntUp 和 FCntDown。终端每发一个上行帧，FCntUp 加"1"；基站每发一个下行帧，FCntDown 加"1"。FOpts 用来在数据帧中捎带 MAC commands。

FPort，端口域。若 FRMPayload 非空，则 FPort 必然存在；若 FPort 存在，则有 4 种可能（详见图 5-7 最后一栏）。MIC（Message Integrity Code）用来验证信息的完整性，由 MHDR、FHDR、FPort 和加密的 FRMPayload 计算得出。

Radio PHY layer:

Preamble	PHDR	PHDR_CRC	PHYPayload	CRC*

（注：CRC*只存在于上行帧）

PHYPayload:

MHDR	MACPayload①	MIC

（注：①处也可以是Join-tRequest或Join-Accept）

MHDR:

MType	RFU	Major

MACPayload:

FHDR	FPort	FRMPayload

FHDR:

DevAddr	FCtrl	FCnt	FOpts

FCtrl：（上/下行）

ADR	ADRACKReq	ACK	RFU(Class B)	FOptsLen
	RFU		FPending	

FOptsLen:

Value:	0	1..15
FoptsLen	FOpts 不存在	MAC commands 存在于FOpts中

FPort:

Value:	0	1..223	224	225..255
FPort	FRMPayload 只包含 MACcommands	FRMPayload 用于承载具体的 应用数据	专门用于 LoRaWAN MAC 层测试协议	RFU

图 4-7　LoRa 帧结构

4.4.2　LoRaWAN Classes

为了解决各种各样的应用需求，LoRaWAN 定义了 3 种不同等级的终端。

1. Class A（Bi-direct ional enddevices）

Class A 的每个上行传输都伴随着两个短的下行接收窗口（RX1 和 RX2，RX2 通常在 RX1 开启后 1 s 打开）。终端会根据自身的通信需求来调度传输时隙，其微调基于一个随机的时间基准（ALOHA 协议）。Class A 是功耗最低的终端模式，它只要求基站在终端发了一个上行传输后发送一个下行传输，但是这也导致 Class A 的下行传输灵活性非常差。简言之，Class A 的通信过程是由终端发起的，若基站想发送一个下行传输，必须等待终端先发送一个上行数据。图 4-8 给出了典型的 Class A 传输模型：

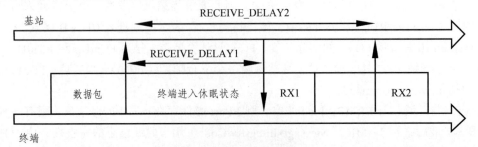

图 4-8　Class A 传输模型

Class A 是最基本的终端类型，所有接入 LoRa 网络的终端都必须支持 Class A。终端可以根据实际需求，选择切换到 Class B 或 Class C，但必须和 Class A 兼容。

2. Class B（Bi-directional end-devices withscheduled receive slots）

终端应用层根据需求来决定是否切换到 Class B 模式。首先，Gateway 会广播一个信标（beacon），来为终端提供一个时间参考。据此，终端定期打开额外的接收窗口（ping slot），基站利用 ping slot 发起下行传输（ping）。如果终端移动了或在 beacon 中检测到身份变化，它必须发送一个上行帧通知基站更新下行路由表。若在给定时间内没有收到 beacon，终端会失去和网络的同步。MAC 层必须通知应用层自己已经回到 Class A 模式。若终端还想进入 Class B 模式，必须重新开始。图 4-9 给出了典型的 Class B 传输模型：

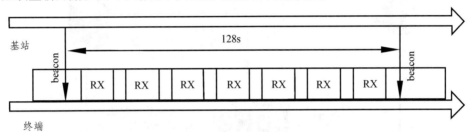

图 4-9 Class B 传输模型

3. Class C（Bi-directional end-devices withmaximal receive slots）

除非正在发送上行帧，否则 Class C 的接收窗口是一直开启的。Class C 提供最小的传输延迟，但 Class C 也是最耗能的，因此 Class C 适用于供能充足的终端。需要注意，Class C 并不兼容 Class B。只要不是正在发送信息或正在 RX1 上接收信息，Class C 就会在 RX2 上听下行传输。为此，终端会根据 RX2 的参数设置，在上行传输和 RX1 之间打开一个短的接收窗口（图 4-10 中第一个 RX2）。在 RX1 关闭后，终端会立刻切换到 RX2 上，直到有上行传输才关闭。图 4-10 给出了典型的 Class C 传输模型：

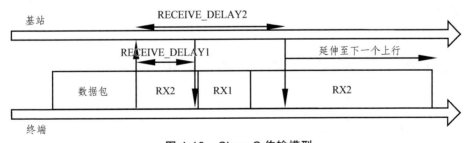

图 4-10 Class C 传输模型

4.4.3 LoRaWAN 连接的建立

若想接入网络，终端必须激活。LoRaWAN 提供两种激活方式：OTAA 和个性化激活（ABP，ActivationBy Personalization）。

1. OTAA

对于 OTAA，终端需要经历一个接入流程（joinprocedure）。首先，终端广播 join-request

message，

该消息包含 APPEUI、DevEUI 和 DevNonce 三个部分。这些信息是设备制造商写在终端里的。基站通过 join-accept message 通知终端可以进入网络了。如果收到了多个基站的 join-accept message，终端会选择信号质量最好的网络接入。收到 join-acceptmessage 后，FCntUp 和 FCntDown 都置为 0。激活之后，终端会保存 DevAddr、APPEUI、NwkSkey 和 AppSKey 这 4 个信息。如果没有收到 join-request message，基站将不做任何处理，图 4-11 展示了 OTAA 的流程.

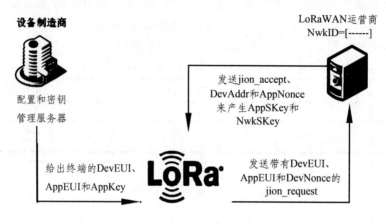

图 4-11　OTAA 流程

2. ABP

一定情况下，终端可以个性化激活。ABP 绕过了 join-procedure，直接把终端和特定的网络连接到一起。这意味着，直接把 DevAddr、NwkSKey 和 AppSKey 写入了终端，使其一开始就有了特定 LoRa 网络所要求的准入信息。终端必须以 Class A 模式接入网络，然后在有需要时切换到其他模式。为了保证通信的安全性，建议使用 OTAA。连接建立之后，终端和基站之间就可以通信了。

4.5　LoRa 模块 ATK-LORA-01 无线串口模块

4.5.1　特性参数

ATK-LORA-01 模块设计是采用高效的 ISM 频段射频 SX1278 扩频芯片，模块的工作频率 410 Mhz ~ 441 Mhz，以 1 Mhz 频率为步进信道，共 32 个信道，可通过 AT 指令在线修改串口速率，发射功率，空中速率、工作模式等各种参数，并且支持固件升级功能。ATK-LORA-01 模块具有：体积小、灵敏度高、支持低功耗省电，特点包括：

（1）工业频段：433 Mhz 免申请频段

（2）多种功率等级（最大 20 dBm，最大 100 mW）

（3）多种串口波特率、空中速率、工作模式

（4）支持空中唤醒功能，低接收功耗

（5）双 512 环形 FIFO

（6）内置看门狗，永不死机

（7）频率 410-441 Mhz，提供 32 个信道

（8）接收灵敏度达-136 dBm，传输距离 3000 米

（9）自动分包传输，保证数据包的完整性

模块电器参数如表 4-2 所示。

表 4-2　ATK-LORA-01 无线串口模块电器参数

项目	说明
模块尺寸	36*20 mm（不含 SMA 接头和天线）
工作频段	410-441 Mhz（共 32 个通道），1 Mhz，出厂默认 433 Mhz
调制方式	LoRa 扩频
通信距离	约 3000 米（测试条件：晴朗、空旷，最大功率 20 dbm，空中速率 2.4 Kbps，天线增益 3 dbi）
发射功率	最大 20 dBm（约 100 mW），4 级可调（0-3），每一级增减约 3 dBm
空中速率	6 级可调（0.3、1.2、2.4、4.8、9.6、19.2 Kbps）
工作电压	3.3～5 V
发射电流	118 ma（20 dbm 100 mw 电压 5 V）
接收电流	18.3 ma（模式 0、模式 1），最低约 9 uA（模式 2+2S 唤醒）
通信接口	UART 串口，8N1、8E1、8O1，从 1200-115200 共 8 种波特率（默认 9600、8N1）
发射长度	内部环形 FIFO 缓存 512 字节，内部自动分包发送。某些空速与波特率组合，可发送无限长度数据包。
接收长度	内部环形 FIFO 缓存 512 字节，内部自动分包发送。某些空速与波特率组合可发送无限长度数据包。
模块地址	可配置 65536 个地址（便于组网支持广播和定向传输）
接收灵敏度	-136 dBm@0.3 Kbps（接收灵敏度和串口波特率、延迟时间无关）
天线形式	SMA 天线
工作温度	-40～+85 ℃
存储温度	-40～+125 ℃

LoRa 典型的应用包括无线抄表、无线传感、智能家居、工业遥控、遥测、智能楼宇、智能建筑等等与 ZigBee 类似。

1. 模块引脚说明

ATK-LORA-01 无线串口模块通过 1*6 的排针（2.54 mm 间距）同外部连接，模块可以 ALIENTEK 战舰 STM32F103 V3、精英 STM32F103、探索者 STM32F407、阿波罗 STM32F429/767 开发板直接对接（插 ATK-MODULE 接口），用户可以直接在这些开发板上，对模块进行测试。ATK-LORA-01 无线串口模块外观如图 4-12 所示。

图 4-12　ATK-LORA-01 无线串口模块实物图

模块通过一个 1*6 的排针同外部电路连接，各引脚的详细描述如表 4-3 所示：

表 4-3　引脚说明

序号	名称	引脚方向	说明
1	MD0	输入	1、配置进入参数设置
			2、上电时与 AUX 引脚配合进入固件升级模式
2	AUX	1、输出	1、用于指示模块工作状态，用户唤醒外部 MCU
		2、输入	2、上电时与 MD0 引脚配合进入固件升级模式
3	RXD	输入	TTL 串口输入，连接到外部 TXD 输出引脚
4	TXD	输出	TTL 串口输出，连接到外部 RXD 输入引脚
5	GND		地线
6	VCC		3.3 V～5 V 电源输入

从表 4-3 可以看到 MD0 与 AUX 引脚有两个功能，根据两者配合进入不同的状态。模块在初次上电时，AUX 引脚为输入状态模式，若 MD0 与 AUX 引脚同时接入 3.3 V TTL 高电平，并且保持 1 秒时间（引脚电平不变），则模块会进入固件升级模式，等待固件升级。否则进入无线通信模式（AUX 引脚会变回输出状态模式，作用于指示模块的工作状态）。

注意：AUX 引脚只在模块上电时检测 3.3 V TTL 高电平时为输入状态，其他时都为输出状态，这里需要注意。

2. 模块连接图

模块与 MCU/ARM 设备电气连接，如图 4-13 所示：

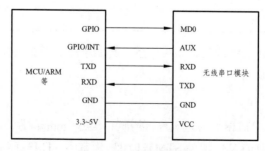

图 4-13　模块连接图

（1）无线串口模块为 TTL 电平，请与 TTL 电平的 MCU 进行连接。

（2）模块的引脚电平是 3.3 V，与 5 V 的单片机通信需要做电平转换适配。

（3）MD0、AUX 引脚悬空下为低电平。

3. 模块功能介绍

模块根据 MD0 的配置与 AUX 引脚的状态会进入不同的功能，如表 4-4 所示。

表 4-4　不同的功能设置

功能	介绍	进入方法
配置功能	模块参数配置（AT 指令）	上电后，AUX 空闲状态（AUX=0），MD0=1
通信功能	无线通信	上电后，AUX 空闲状态（AUX=0），MD0=0
固件升级功能	固件升级	上电后：AUX=1，MD0=1（一起持续 1 秒时间，电平不变）

其中在通信功能下，包含 4 种工作模式，如表 4-5 所示。

表 4-5　工作模式

模式（0-2）		介绍	备注
0	一般模式	无线透明、定向数据传输和模式 0 唯一区别：数据包发	接收方必须是模式 0、1 接收方可以是模式 0、1、2
1	唤醒模式	射前，自动增加唤醒码，这样才能唤醒工作在模式 2 的接收方	
2	省电模式	串口接收关闭，无线处于空中唤醒模式，收到的无线数据后打开串口发出数据	发射方必须是模式 1 该模式下串口接收关闭，不能无线发射
3	信号强度模式	查看通讯双方的信号强度	接收方必须是模式 0、1

注意：工作模式需要模块进入配置功能发送 AT 指令设置才能切换。

4.5.2　通信方式

通信方式包括 3 种：透明传输、定向传输、广播与数据监听。

透明传输：即透传数据，例如：A 设备发 5 字节数据 AA BB CC DD EE 到 B 设备，B 设备就收到数据 AA BB CC DD EE。（透明传输，针对设备相同地址、相同的通信信道之间通信，用户数据可以是字符或 16 进制数据形式）

定向传输：即定点传输，例如：A 设备（地址为：0x1400，信道为 0x17（23 信道 433 Mhz））需要向 B 设备（地址为 0x1234，信道为 0x10（16 信道、426 Mhz））发送数据 AA BB CC，其通信格式为：12 34 10 AA BB CC，其中 1234 为模块 B 的地址，10 为信道，则模块 B 可以收到 AA BB CC。同理，如果 B 设备需要向 A 设备发送数据 AA BB CC，其通信格式为：14 00 17 AA BB CC，则 A 设备可以收到 AA BB CC。（定向传输，可实现设备间地址和通信信道不同之间通信，数据格式为 16 进制，发送格式：高位地址+低位地址+信道+用户数据）

广播与数据监听：将模块地址设置为 0xFFFF，可以监听相同信道上的所有模块的数据传输；发送的数据，可以被相同信道上任意地址的模块收到，从而起到广播和监听的作用。

模块使用之前需要进行模块配置，上电后，当 AUX 为空闲状态（AUX=0），MD0 设置高电平（MD0=1）时，模块会工作在"配置功能"，此时无法发射和接收无线数据。在"配置功能"下，串口需设置：波特率"115200"、停止位"1"、数据位"8"、奇偶校验位"无"，通过 AT 指令设置模块的工作参数，AT 指令如表 4-6 所示。

表 4-6　LoRa 模块 AT 指令

指令	作用
AT	测试模块响应情况
AT+MODEL?	查询设备型号
AT+CGMR?	获取软件版本号
AT+UPDATE	查询设备是否处于固件升级模式
ATE1	指令回显
ATE0	指令不回显
AT+RESET	模块复位（重启）
AT+DEFAULT	恢复出厂设置
AT+FLASH=	参数保存
AT+ADDR=?	查询设备配置地址范围
AT+ADDR?	查询设备地址
AT+ADDR=	配置设备地址
AT+TPOWER=?	查询发射功率配置范围
AT+CWMODE=?	查询配置工作模式范围
AT+TMODE=?	查询配置发送状态范围
AT+WLRATE=?	查询无线速率和信道配置范围
AT+WLTIME=?	查询配置休眠时间范围
AT+UART=?	查询串口配置范围

模块工作参数如表 4-7 所示。

表 4-7　模块工作参数

串口波特率（bps）	1200-115200
校验位	无、偶检验、奇校验
空中速率（单位：Kbps）	0.3、1.2、2.4、4.8、9.6、19.2
休眠时间（单位：秒）	1、2
模块地址	0-65535
通信信道	0-31（410-441 Mhz 1 Mhz 步进）
发射功率（单位：dBm）	11、14、17、20
工作模式	一般模式、唤醒模式、省电模式
发送状态	透明传输、定向传输

1. 通信-透明传输

（1）点对点

地址相同、信道相同、无线速率（非串口波特率）相同的两个模块，一个模块发送，另外一个模块接收（必须是：一个发，一个收）。每个模块都可以做发送/接收。数据完全透明，所发即所得。

发送模块（1 个）：数据；接收模块（1 个）：数据，如图 4-14 所示。

图 4-14　透明传输（点对点）

例如：

设备 A、B 地址为 0X1234，信道为 0x12，速率相同。

设备 A 发送：AA BB CC DD

设备 B 接收：AA BB CC DD

（2）点对多

地址相同、信道相同、无线速率（非串口波特率）相同的模块，任意一个模块发送，其他模块都可以接收到。

每个模块都可以做发送/接收。数据完全透明，所发即所得。

发送模块（1 个）：数据；接收模块（N 个）：数据。

点对点：两个模块地址、信道、速率相同；点对多：多个模块地址、信道、速率相同。如图 4-15 所示。

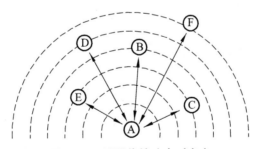

图 4-15　透明传输（点对多）

例如：

设备 A ~ F 地址为 0X1234，信道为 0x12，速率相同。

设备 A 发送：AA BB CC DD

设备 B ~ F 接收：AA BB CC DD

（3）广播监听

模块地址为 0XFFFF，则该模块处于广播监听模式，发送的数据可以被相同速率和信道的其他所有模块接收到（广播）；同时，可以监听相同速率和信道上所有模块的数据传输（监听）。广播监听无需地址相同。

发送模块（1 个）：数据；接收模块（N 个）：数据。

点对多：多个模块地址、信道、速率相同；广播监听：多个模块信道、速率相同，地址可以不同。如图 4-16 所示。

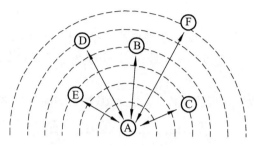

图 4-16 广播监听

例如：

设备 A 地址为 0XFFFF，设备 B~F 地址不全部一样，设备 B 与 C 地址为 0X1234，设备 D、E、F 地址为 0X5678。设备 A~F 速率相同。

广播：

设备 A 广播：AA BB CC DD

设备 B~F 接收：AA BB CC DD

监听：

设备 B 向 C 发送：AA BB CC DD

设备 A 监听：AA BB CC DD

设备 D 向 E、F 发送：11 22 33 44

设备 A 监听：11 22 33 44

2. 通信-定向传输

（1）点对点

模块发送时可修改地址和信道，用户可以指定数据发送到任意地址和信道。可以实现组网和中继功能。

发送模块（1 个）：地址+信道+数据；接收模块（1 个）：数据。

点对点（透传）：模块地址、信道、速率相同；点对点（定向）：模块地址可变、信道可变，速率相同。如图 4-17 所示。

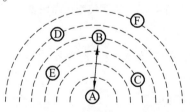

图 4-17 定向传输（点对点）

例如：

设备 A 地址 0X1234，信道 0X17；

设备 B 地址 0xABCD，信道 0X01；

设备 C 地址 0X1256，信道 0x13。

设备 A 发送：AB CD 01 AA BB CC DD

设备 B 接收：AA BB CC DD

设备 C 接收：无

设备 A 发送：12 56 13 AA BB CC DD

设备 B 接收：无

设备 C 接收：AA BB CC DD

（2）广播监听

模块地址为 0XFFFF，则该模块处于广播监听模式，发送的数据可以被具有相同速率和信道的其他所有模块接收到（广播）；同时，可以监听相同速率和信道上所有模块的数据传输（监听）。广播监听无需地址相同。信道地址可设置。当地址为 0XFFFF 时，为广播模式；为其他时，为定向传输模式。

发送模块（1 个）：0XFFFF+信道+数据；接收模块（N 个）：数据。

发送模块（1 个）：地址（非 0XFFFF）+信道+数据；接收模块（1 个）：数据。如图 4-18 所示。

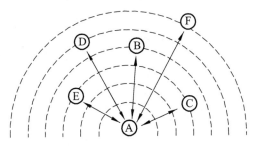

图 4-18　定向传输（广播监听）

例如：

设备 A 地址 0XFFFF 信道 0X12；

设备 B、C 地址 0X1234，信道 0X13；

设备 D 地址 0XAB00，信道 0X01；

设备 E 地址 0XAB01，信道 0X12；

设备 F 地址 0XAB02，信道 0X12；

设备 A 广播：FF FF 13 AA BB CC DD

设备 B、C 接收：AA BB CC DD

设备 A 发送：AB 00 01 11 22 33 44

只有设备 D 接收：11 22 33 44

设备 E 发送：AB 02 12 66 77 88 99

设备 F 接收：66 77 88 99

设备 A 监听：66 77 88 99

4.5.3　数据流控制

如图 4-19 所示，模块内部是存在 FIFO 的，发送通过获取 FIFO 里的用户数据 RF 发射出去，接收则将数据存到模块 FIFO，再发送回给用户。这时如果用户设备通过串口到模块的数据量太大，超过模块 512 字节 FIFO 很多时，会存在溢出现象，数据出现丢包，此时建议模块发送方降低串口速率并且提高空中无线速率（串口速率<空中无线速率），从而提高缓存区的数据流转效率，减少数据溢出的可能。而模块接收方则应提高串口速率（串口速率>空中无线速率），提高输出数据的流转效率。模块在数据包过大的情况下，不同的串口波特率和空中无线速率配置下，会有不同的数据吞吐量，具体数值以用户实测为准。（注意：发射和接收模块需工作在"一般模式"下。）

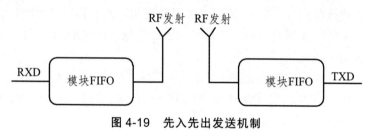

图 4-19　先入先出发送机制

第 5 章　基于蓝牙技术的无线传感网

5.1　蓝牙技术概述

V1.1（1998 年）：最早期版本，传输率约在 748 ~ 810 kb/s，容易受到同频率之产品干扰，通讯质量较差。

V1.2：748 ~ 810 kbps 的传输率，增加了（改善 Software）抗干扰跳频功能。

V2.0：V1.2 的改良提升版，传输率约在 1.8 Mbps ~ 2.1 Mb/s，可同时传输语音、图片和文件。

V2.1（2004 年）：改善了装置配对流程和短距离配对，具备了在两个支持蓝牙的手机之间互相进行配对与通信传输的 NFC 机制。具备更佳的省电效果。

V3.0（2009 年）：通常成为蓝牙高速传输技术，传输速率更高，功耗更低。

V4.0（2010 年）：包括三个子规范，即传统蓝牙技术、高速蓝牙和新的蓝牙低功耗技术。蓝牙 4.0 的改进之处主要体现在三个方面，电池续航时间、节能和设备种类上。有效传输距离也有所提升为 60 m。

每个规范版本按通信距离可再分为 Class1 和 Class2。

Class1：传输功率高、传输距离远，但成本高、耗电量大，不适合作为个人通信产品，多用于部分商业特殊应用场合，通信距离大约在 80 ~ 100 m 之间。

Class2：目前最流行的制式，通信距离大约在 8 ~ 30 m 之间，视产品的设计而定，多用于手机、蓝牙耳机、蓝牙适配器等个人通信产品，耗电量和体积较小，方便携带。

5.2　蓝牙技术基本概念

主/从设备：蓝牙通常采用点对点的配对连接方式，主动提出通信要求的设备是主设备（主机），被动进行通信的设备为从设备（从机）。

蓝牙设备状态：蓝牙设备有待机和连接两种主要状态，处于连接状态的蓝牙设备可有激活、保持、呼吸和休眠 4 种状态。

对等网络 Ad-hoc：蓝牙设备在规定的范围和数量限制下，可以自动建立相互之间的联系，而不需要一个接入点或者服务器，这种网络称为 Ad-hoc 网络。由于网络中的每台设备在物理上都是完全相同的，因此又称为对等网。

跳频扩频技术（FHSS）：收发信机之间按照固定的数字算法产生相同的伪随机码，发射机通过伪随机码的调制，使载波工作的中心频率不断跳跃改变，只有匹配接收机知道发射机的跳频方式，可以有效排除噪音和其他干扰信号，正确地接收数据。

时隙：蓝牙采用跳频扩频技术，跳频频率为 1600 跳/秒，即每个跳频点上停留的时间为

625 μs，这 625 μs 就是蓝牙的一个时隙，在实际工作中可以分为单、多时隙。

蓝牙时钟：蓝牙时钟是蓝牙设备内部的系统时钟，是每一个蓝牙设备必须包含的，决定蓝牙协议采用分层结构，遵循开放系统互联（OSI，Open System Interconnection）参考模型

5.3 蓝牙协议体系

按照各层协议在整个蓝牙协议体系中所处的位置，蓝牙体系可分为底层协议、中间层协议和高端应用层协议三大类，如图 5-1 所示。其中，底层协议与中间层协议共同组成核心协议（Core），绝大部分蓝牙设备都要实现这些协议。高端应用层协议又称应用规范（Profiles），是在核心协议基础上构成的面向应用的协议。还有一个主机控制接口（Host Controller Interface，HCI），由基带控制器、连接管理器、控制和事件寄存器等组成，是蓝牙协议中软硬件之间的接口。

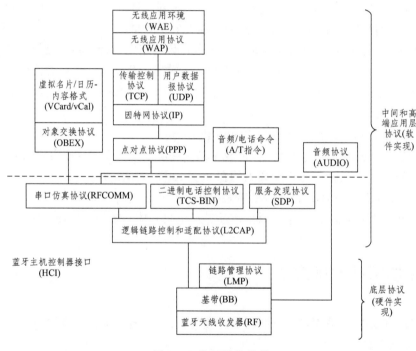

图 5-1　蓝牙协议结构

5.3.1 蓝牙协议体系——底层协议

射频（RF）协议：主要定义频段与信道安排、发射/接收机特性等。它通过 2.4 GHz 频段规范物理层无线传输技术，实现数据流的过滤和传输。

基带（BB）协议：为基带数据分组提供同步定向连接（Synchronous Connection Oriented，SCO）和异步无连接（Asynchronous Connectionless，ACL）两种物理链路，对不同数据类型都会分配一个特殊信道，用于传递连接管理和控制信息等。SCO 链路主要用于传送同步话音

数据，ACL 链路主要用于传送分组数据。

链路管理协议（LMP）：主要负责蓝牙设备间连接的建立、拆除和安全控制，控制无线设备的节能模式和工作周期，以及微微网内各设备单元的连接状态。

5.3.2　蓝牙协议体系——中间层协议

主机控制器接口（HCI）协议：位于 L2CAP 和 LMP 之间，为上层协议提供进入 LMP 和 BB 的统一接口和方式。

HCI 传输层包括：USB、RS232、UART 和 PC 卡。

逻辑链路控制与适配协议（L2CAP）：主要完成数据的拆装、服务质量控制，协议的复用、分组的分割和重组及组管理等功能。

串口仿真协议（RFCOMM）：又称线缆替换协议，仿真 RS-232 的控制和数据信号，可实现设备间的串行通信，为使用串行线传送机制的上层协议提供服务。

电话控制协议（TelCtrl）：包括电话控制规范二进制（TCS-BIN）协议和 AT 命令集电话控制命令。其中，TCS-BIN 是在蓝牙设备间建立语音和数据呼叫的控制信令。

服务发现协议（SDP）：为上层应用程序提供一种机制来发现可用的服务，是所有用户模式的基础。

5.3.3　蓝牙协议体系——高层协议

对象交换协议（OBEX）：只定义传输对象，而不指定特定的传输数据类型，可以是从文件到电子商务卡、从命令到数据库等任何类型。

网络访问协议：包括 PPP、TCP、IP 和 UDP 协议，用于实现蓝牙设备的拨号上网，或通过网络接入点访问因特网和本地局域网。

无线应用协议（WAP）：支持移动电话浏览网页、收取电子邮件和其他基于因特网的协议。可在数字蜂窝电话和其他小型无线终端上实现因特网业务。

无线应用环境（WAE）：可提供用于 WAP 电话和个人数字助理 PDA 所需的各种应用软件。

音频协议（Audio）：可在一个或多个蓝牙设备之间传递音频数据，通过在基带上直接传输 SCO 分组实现。

5.4　蓝牙状态和编址

5.4.1　蓝牙状态

蓝牙设备主要运行在待机和连接两种状态。从待机到连接状态，要经历 7 个子状态：寻呼、寻呼扫描、查询、查询扫描、主响应、从相应、查询相应。

5.4.2　蓝牙状态——待机

蓝牙设备默认的工作状态。在该状态下，设备每隔 1.28 s 就周期性地"侦听"信息。一旦设备被唤醒，便处于连接状态，将在预先设定的 32 个跳频频率上接听信息。跳频数目因地区而异，多数国家都采用 32 个跳频频率。

5.4.3　蓝牙状态——连接

连接建立后，蓝牙设备可以处于激活（Active）、保持（Hold）、呼吸（Sniff）和休眠（Park）4 种模式。其中，后 3 种为节能状态，按照电源能耗由低到高依次为休眠、保持和呼吸。4 种模式之间可以相互转换，如表 5-1 所示。

表 5-1　蓝牙连接状态描述

状态	描述
激活（Active）	该模式下，主单元和从单元通过侦听、发送或者接收数据包而主动参与信道操作。主单元和从单元相互保持同步。
呼吸（Sniff）	该模式下，主单元只能有规律地在特定的时隙发送数据，从单元只在指定的时隙上"嗅探"信息，可以在空时隙睡眠而节约功率。呼吸间隙可以根据应用需求做适当调整。
保持（Hold）	该模式下，设备只有一个内部计数器在工作，不支持 ACL 数据包，可为寻呼、扫描等操作提供可用信道。保持模式一般用于连接几个微微网或能耗低的设备。在进入该模式前，主节点和从节点应就从节点处于保持模式的持续时间达成一致。当时间耗尽时，从节点将被唤醒并与信道同步，等待主节点的指示。
休眠（Park）	当从单元无需使用微微网信道却又打算和信道保持同步时，可以进入休眠模式。在该模式下，设备几乎没有任何活动，不支持数据传送，偶尔收听主设备的信息并恢复同步、检查广播信息。设备被赋予一个休眠成员地址（Parking Member Adress：PM_ADDR）并失去其活动成员地址（Active Member Adress：AM_ADDR）。

5.4.4　蓝牙状态——微微网

蓝牙的网络结构有两种拓扑形式：微微网和散射网（分布式网络），微微网是蓝牙基本的组网方式，散射网由多个微微网组成，如图 5-2 所示。在同一个微微网中：

① 一个蓝牙设备可以同时与最多 7 个其他蓝牙设备相连。

② 各单元之间共享一个信道。

③ 有且只有一个主单元，其余为从单元。

④ 主单元控制微微网从建立到数据传送到最后结束通信的整个过程

⑤ 微微网的本质是个人区域网，即以个人区域的范围为应用的网络构建。

⑥ 一个微微网可以只是两台相连的设备，比如一台笔记本和一部手机，也可以是几台相连的蓝牙设备。

⑦ 微微网最简单的应用是蓝牙手机与蓝牙耳机，在手机与耳机间组建一个简单的微微网，

手机作为主设备，耳机充当从设备。

　　⑧ 在两个蓝牙手机之间也可以直接使用蓝牙功能进行无线的数据传输等。

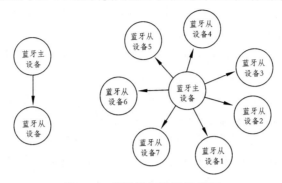

图 5-2　蓝牙设备连接示意图

5.4.5　蓝牙状态——状态转换

　　蓝牙状态转换示意图如图 5-3 所示。

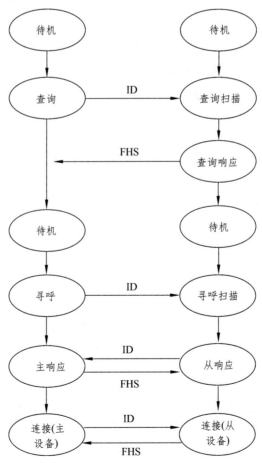

图 5-3　蓝牙状态转换示意图

寻呼（Page）：该子状态被主单元用来激活和连接从单元，主单元通过在不同的跳频信道内传送从单元的设备识别码（DAC）来发出寻呼消息。

寻呼扫描（Page Scan）：在该子状态下，从单元在一个窗口扫描存活期内以单一跳频侦听自己的设备接入码（DAC）。

从响应（Slave Response）：从单元在该状态下响应主单元的寻呼消息。如果处于寻呼扫描子状态下的从单元和主单元寻呼消息相关即进入该状态。

主响应（Master Responce）：主单元在该状态下发送 FHS 数据包给从单元。如果主单元收到从单元的响应后即进到该子状态。当从单元收到主单元发送的 FHS 数据包后，将进入连接状态查询（Inquiry）：该子状态被主单元用于收集蓝牙设备地址，发现相邻蓝牙设备的身份。

查询扫描（Inquiry Scan）：在该子状态下，蓝牙设备侦听来自其他设备的查询。此时扫描设备可以侦听一般查询接入码（GIAC，General Inquiry Access Code）或者专用查询接入码（DIAC，Dedicated Inquiry Access Code）。

查询响应（Inquiry Responce）：对查询而言，只有从单元才可以响应而主单元则不能。从单元用 FHS 数据包响应，该数据包包含了从单元的设备接入码、内部时钟和某些其他从单元信息。

5.4.6　蓝牙编址

蓝牙有以下 4 种基本类型的设备地址：

BD_ADDR：48 位的蓝牙设备地址。

AM_ADDR：3 位激活状态成员地址。

PM_ADDR：8 位休眠状态成员地址。

AR_ADDR：访问请求地址，休眠状态的从单元通过它向主单元发送访问消息。

5.4.7　蓝牙编址——BD_ADDR

① 唯一地标志了每个蓝牙设备；

② 总长度 48 位；

③ 按从最小有效位（LSB）到最大有效位（MSB）主要分为 3。部分：24 位低地址部分 LAP、8 位高地址部分 UAP 和 16 位非有效地址部分 NAP，如图 5-4 所示。

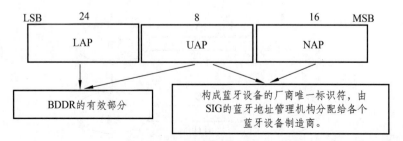

图 5-4　蓝牙地址示意图

5.4.8　蓝牙编址——从节点地址

从节点地址具有不唯一性，根据状态不同可分配 3 种不同的地址：

1. AM_ADDR：处于激活状态下的从节点地址，该地址位于主节点发送的数据分组的分组头中。利用节点有无激活地址能把主节点和任何一个从节点区别开。

2. PM_ADDR：处于休眠状态的成员地址，也使用 3 位二进制数描述 8 个节点的地址。从节点处于休眠状态时就能获得一个休眠成员地址 PM_ADDR。通过 BD_ADDR 或 PM_ADDR 均能识别处于休眠状态下的从节点。

3. AR_ADDR：从节点的访问请求地址。当从节点进入休眠状态时，将分配一个状态请求地址，用来向主节点发送一个状态请求消息，使休眠从节点能够在访问窗口内确定"从→主时隙"。

5.5　蓝牙数据分组

蓝牙技术同时支持数据和语音信息的传送，在信息交换方式上采用了电路交换和分组交换的混合方式。对于短暂的突发式的数据业务，采用分组传输方式。在蓝牙的信道中，数据是以分组的形式进行传输的将信息进行分组打包，时间划分为时隙，每个时隙内只发送一个数据包蓝牙的数据包与纠错机制之间有密切的联系。

5.5.1　分组格式

分组可以由标识码组成（压缩格式），也可以由识别码和分组头组成或识别码、分组头和有效载荷组成。

标准的数据分组格式如图 5-5 所示：

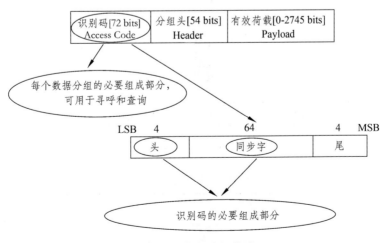

图 5-5　蓝牙分组格式

识别码：用于数据同步、DC 偏移补偿和身份识别。

分组头：包含了链路控制（LC）信息。

有效载荷：携带上层的语音和数据字段。

识别码用于寻呼和查询使，可单独作为信令信息，不需要分组头和有效载荷，识别码一定有头和同步字，有时也有尾。

1. 分组格式——识别码

蓝牙设备在不同工作模式下使用不同的识别码，识别码有三种不同类型：

（1）信道识别码 CAC（Channel Access Code）：用于标识一个微微网。

（2）设备识别码 DAC（Device Access Code）：用于指定的信令过程，比如寻呼和寻呼应答。

（3）查询识别码 IAC（Inquiry Access Code）：分为通用查询识别码（GIAC）和专用查询识别码（DIAC）两种。

查询识别码（GIAC）：为所有设备通用，用于检测指定范围内的其他蓝牙设备

专用查询识别码（DIAC）：被某种类型的蓝牙单元使用，具有同种类型的蓝牙单元使用相同的 DIAC，用于发现在指定范围中符合条件的专用蓝牙设备。

2. 分组格式——分组头

分组头有 54 bits，由 6 个字段构成，共 18 字节，如图 5-6 所示。每个字段的描述如表 5-2 所示。

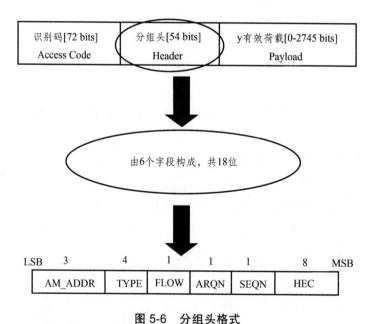

图 5-6　分组头格式

表 5-2　分组头描述

名称	描述
AM_ADDR	3 位成员地址，用于识别加入到微微网中的活动成员。主单元为了区别各个从单元，给每个从单元分配了一个临时的 3 比特地址。

名称	描述
TYPE	4 位类型码说明了分组是在 SCO 链路还是在 ACL 链路上传输，以及该分组是哪种 SCO 或 ACL 分组，同时还说明了分组或占用的时隙。
FLOW	1 位流控：用于 ACL 链路上的分组流量控制。 0：接收方 ACL 链路接收缓冲区满，指示停止传输； 1：接收方 ACL 链路接收缓冲区清空，指示可以传输。
ARQN	1 位确认指示，用于通知发送端，带有 CRC 的有效载荷接收是否成功。 0：数据接收失败； 1：数据接收成功。
SEQN	1 位序列编号。用于区分新发包和重发包，每一次新的分组发送时，SEQN 将反相一次，重传时该位不变。使接收端按正确的顺序接收分组，避免重复收发。
HEC	8 位包头错误校验码，用于对包头的完整性进行检验。

3. 有效载荷

（1）针对不同的数据链路，蓝牙分组的有效载荷可以分为语音段载荷和数据段载荷。

（2）ACL 数据分组只有数据段载荷。

（3）SCO 数据分组只有语音段载荷。

（4）DV 分组同时含有语音段载荷和数据段载荷。

有效载荷格式如图 5-7 所示。

图 5-7　有效载荷格式

BODY 数据段载荷。HEADER 用于指示逻辑信道、逻辑信道上的流量控制和载荷的长度。CRC 码用于数据错误检测和错误纠正。

语音段载荷与数据段载荷不同的是，语音段载荷不含有效载荷头和 CRC 码，只有有效载荷主体。

5.5.3　分组类型

微微网中的分组类型和其链接方式（SCO/ACL）有关。不同链路的不同分组类型由分组头中的 TYPE 位唯一区分。可分为 5 种公共分组、4 种 SCO 分组和 7 种 ACL 分组 3 大类。SCO 分组用于同步 SCO 链接。ACL 分组用于异步 ACL 链接方式。公共分组包括：ID（身份）分、NULL（空）分组、POLL（轮询）分组、FHS（跳频切换分组、DM1 分组。SCO 分组包括：HV1 分组、HV2 分组、HV3 分组、DV 分组。ACL 分组包括：DM1 分组、DH1 分组、DM3 分组、DH3 分组、DM5 分组、DH5 分组、AUX1 分组。各分组具体描述如表 5-3 所示。

表 5-3　分组类型及描述

分组名称		描述
公共分组	ID	由设备识别码（DAC）或查询识别码（IAC）组成，长度为 68 位，是一种可靠的分组，常用于呼叫、查询及应答过程中
	NULL	是一种不携带有效载荷的分组，由信道识别码（CAC）和分组头组成，总长度为 128 位。NULL 分组用于返回链接信息给发送端，其自身不需要确认
	POLL	与 NULL 类似，但需要一个接收端发来的确认。主单元可用它来检查从单元是否启动
	FHS	表明蓝牙设备地址和发送方时钟的特殊控制分组，常用于寻呼、主单元响应、查询响应及主从切换等。采用 2/3 FEC 纠错编码
	DM1	一种通用分组，可以为两种物理链路传输控制消息，也可携带用户数据
SCO分组	HV1	含有 10 个信息字节，使用 1/3 FEC 纠错码，无有效载荷头和 CRC 码，常用于语音传输
	HV2	含有 20 个信息字节，使用 2/3 FEC 纠错码，无有效载荷头和 CRC 码，常用于语音传输
	HV3	含有 30 个信息字节，无 FEC 纠错码，无有效载荷头和 CRC 码，常用于语音传输
	DV	数据—语音组合包，有效载荷段分语音段和数据段两部分，可进行数据和话音的混合传输。语音字段没有 FEC 保护，从不重传；数据字段采用 2/3 FEC，可以重传
ACL分组	DM1	一种只能携带数据信息的分组，含有 18 个信息字节和 16 位 CRC，采用 2/3 FEC 编码
	DH1	类似于 DM1 分组，含有 28 个信息字节和 16 位 CRC，无 FEC 编码
	DM3	一种具有扩展有效载荷的 DM1 分组，含有 123 个信息字节和 16 位 CRC，采用 2/3 FEC 编码
	DH3	类似 DM3 分组，含有 185 个信息字节的和 16 位 CRC，无 FEC 编码
	DM5	一种具有扩展有效载荷的 DM1 分组，含有多达 226 个信息字节，采用 2/3 FEC 编码
	DH5	类似于 DM5 分组，含有多达 341 个字节的信息和 16 位 CRC，但无 FEC 编码
	AUX1	类似于 DH1 分组，含有 30 个信息字节，没有 CRC

5.6　蓝牙模块

　　蓝牙模块又叫蓝牙内嵌模块、蓝牙模组，是蓝牙无线传输技术的重要实现。
　　在实际的蓝牙应用开发中，一般不需关注具体的协议实现，只需结合项目任务选择合适的蓝牙模块即可。

5.6.1　蓝牙实现

　　蓝牙技术通常以蓝牙芯片的形式出现，底层协议通过硬件来实现，中间层和高端应用层协议则通过协议栈实现，固化到硬件之中。并非所有蓝牙芯片都要实现全部的蓝牙协议，但大部分都实现了核心协议，对高端应用层协议和用户应用程序，可根据需求定制。目前多数蓝牙芯片的底层硬件采用单芯片结构，利用片上系统技术将硬件模块集嵌在单个芯片上，同时配有微处理器（CPU）、静态随机存储器（SRAM）、闪存（Flash ROM）、通用异步收发器（UART）、通用串行接口（USB）、语音编/解码器（CODEC）、蓝牙测试模块等。

单芯片蓝牙硬件模块结构如图 5-8 所示。

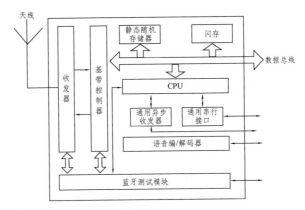

图 5-8　蓝牙硬件模块结构

蓝牙模块：在蓝牙芯片的基础上，添加微带天线、晶振、Flash、电源电路等，并根据应用需求开发所需的应用协议、应用程序和接口驱动程序，即可构成蓝牙模块，实现某些特定用途。

5.6.2　选型——性能指标

发射功率：标准的 CLASS1 模块发射功率为+20d Bm，即 100 mW；标准的 CLASS2 模块发射功率<6 dBm，即小于 4 mW。发射功率参数确定后，实际发射效率与射频电路、天线效率相关。

接收灵敏度：蓝牙模块接收灵敏度<-80 dBm，适当增加前置放大器，可提高灵敏度。

通信距离：CLASS1 模块的标准通信距离（指在天线相互可视的情况下）为 100m，CLASS2 模块通信距离为 10 m。实际蓝牙模块的通信距离与发射功率、接收灵敏度及应用环境密切相关。

功耗与电流：蓝牙模块的功耗大小与工作模式相关，在查找、通信和等待时，功耗不同。不同的固件，因其参数设置不同，功耗也会不同。

5.6.3　选型——种类

按应用：
手机蓝牙模块、蓝牙耳机模块、蓝牙语音模块、蓝牙串口模块等。
按技术：
蓝牙数据模块、蓝牙语音模块、蓝牙远程控制模块。

按采用的芯片：

ROM 版模块、EXT 版模块及 FLASH 版模块。

按性能：

CLASS1 蓝牙模块和 CLASS2 蓝牙模块。

按生产厂家：

市场上有 CSR（现已被三星电子收购）、Brandcom、Ericsson、Philips 等，目前市场上大部分产品是前两家公司的方案。

5.6.4　选型——选择

在选择蓝牙模块时，除了要考虑性能指标外，还要综合考虑成本、体积、外围电路复杂度、应用需求等因素。

与本教材配套的蓝牙模块选择的是 BLK-MD-BC04-B，主要用于短距离无线数据传输，具有成本低、体积小、功耗低、收发灵敏性高的优点，采用英国 CSR 公司 BlueCore4-Ext 芯片，遵循 V2.1+EDR 蓝牙规范，支持 UART，USB，SPI，PCM，SPDIF（SONY/PHILIPS Digital Interface Format）等接口，支持 SPP（Serial Port Profiles）蓝牙串口协议，只需配备少许的外围元件就能实现蓝牙的功能。

模块主要特点：

（1）蓝牙 V2.1+EDR；

（2）蓝牙 Class 2；

（3）内置 PCB 射频天线；

（4）内置 8Mbit Flash；

（5）支持 SPI 编程接口；

（6）支持 UART，USB，SPI，PCM 等接口；

（7）支持主从一体；

（8）支持软硬件控制主从模块；

（9）3.3 V 电源；

（10）尺寸：27 mm×13 mm×2 mm（长×宽×高）；

（11）支持连接 7 个从设备。

主要用于短距离的数据无线传输领域，可避免繁琐的线缆连接，能直接替代串口线，可以方便地和 PC 的蓝牙设备相连，也可以用于两个模块之间的数据互通。

广泛用于下述领域：

（1）蓝牙无线数据传输；

（2）工业遥控和遥测；

（3）POS 系统；

（4）无线键盘和鼠标；

（5）楼宇自动化和安防；

（6）门禁系统；

（7）智能家居等。

5.7　蓝牙硬件电路

5.7.1　硬件电路——管脚图

蓝牙模块 BLK-MD-BC04-B 的引脚图如图 5-8 所示。

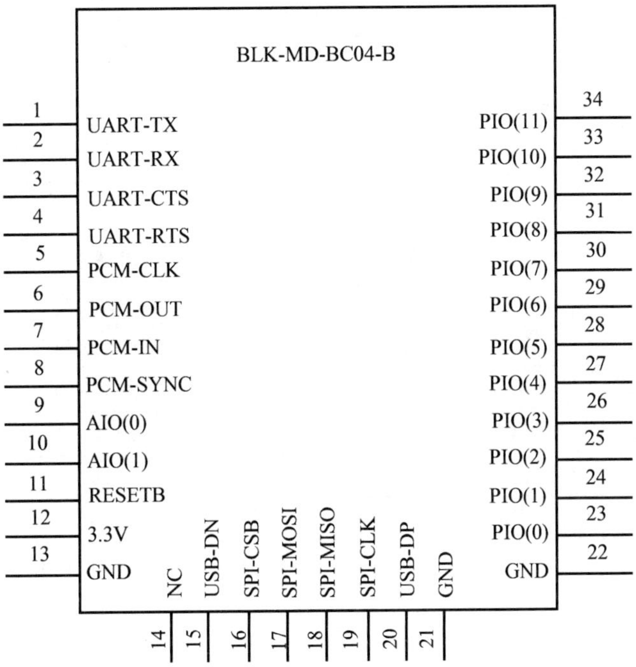

图 5-9　硬件电路管脚图

UART 串口引脚：1、2、3、4；
PCM 引脚：5、6、7、8；
可编程模拟输入输出口：9、10；
SPI 串口引脚：16、17、18、19；
可编程输入/输出口、状态指示 LED 口、软/硬件主从设置口、硬件主从模式设置口等：23-34。具体引脚功能描述如表 5-4 所示。

表 5-4　引脚功能

管脚号	名称	类型	功能描述
1	UART-TX	CMOS 输出	串口数据输出
2	UART-RX	CMOS 输入	串口数据输入
3	UART-CTS	CMOS 输入	串口清除发送
4	UART-RTS	CMOS 输出	串口请求发送
5	PCM-CLK	双向	PCM 时钟

管脚号	名称	类型	功能描述
6	PCM-OUT	CMOS 输出	PCM 数据输出
7	PCM-IN	CMOS 输入	PCM 数据输入
8	PCM-SYNC	双向	PCM 数据同步
9	AIO（0）	双向	可编程模拟输入输出口
10	AIO（1）	双向	可编程模拟输入输出口
11	RESETB	CMOS 输入	复位/重启键（低电平复位）
12	3.3 V	电源输入	+3.3 V 电源
13	GND	地	地
14	NC	输出	NC（请悬空）
15	USB-DN	双向	USB 数据负
16	SPI-CSB	CMOS 输入	SPI 片选口
17	SPI-MOSI	CMOS 输入	SPI 数据输入
18	SPI-MISO	CMOS 输出	SPI 数据输出
19	SPI-CLK	CMOS 输入	SPI 时钟口
20	USB-DP	双向	USB 数据正
21	GND	地	地
22	GND	地	地
23	PIO（0）	双向	可编程输入/输出口（0）
24	PIO（1）	输出	状态指示 LED 口
25	PIO（2）	输出	主机中断指示口
26	PIO（3）	输入	记忆清除键（短按），恢复默认值按键（长按 3s）
27	PIO（4）	输入	软/硬件主从设置口：置低（或悬空）为硬件设置主从模式，置高电平 3.3 V 为软件设置主从模式
28	PIO（5）	输入	硬件主从模式设置口：置低（或悬空）为从模式，置高电平 3.3 V 为主模式
29	PIO（6）	双向	可编程输入/输出口（6）
30	PIO（7）	双向	可编程输入/输出口（7）
31	PIO（8）	双向	可编程输入/输出口（8）
32	PIO（9）	双向	可编程输入/输出口（9）
33	PIO（10）	双向	可编程输入/输出口（10）
34	PIO（11）	双向	可编程输入/输出口（11）

5.7.2 硬件电路——内部结构

蓝牙模块 BLK-MD-BC04-B 的内部结构如图 5-10 所示。

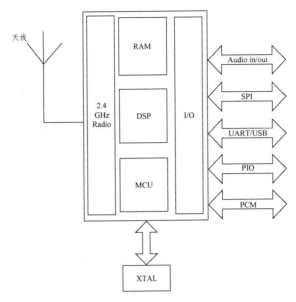

图 5-10　硬件电路内部结构

5.7.3　硬件电路——外围电路

外围电路示意图如图 5-11 所示。

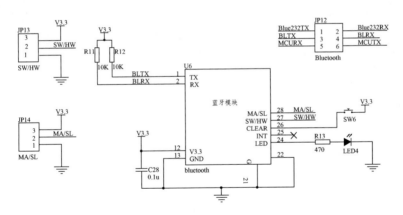

图 5-11　外围电路示意图

3 个跳线选择开关：JP12、JP13、JP14

（1）JP12：选择蓝牙模块与 PC 或单片机进行串口通信，若将 1 与 3 短接、2 与 4 短接，模块将与 PC 的串口相连；若将 3 与 5、4 与 6 短接，同时 JP4 的 1 与 3、2 与 4 短接，则模块与单片机的串口相连。

（2）JP13：选择硬件/软件设置主从方式，将 2 与 3 短接为软件设置方式，2 与 1 短接为硬件设置方式。

（3）JP14：硬件主从模式选择，将 2 与 3 短接为主模式，将 2 与 1 短接为从模式。

一个记忆清除按键：SW6

（1）短按为记忆清除键，清除蓝牙模块已经记忆的配对过的蓝牙设备的地址，以便重新搜索新的设备。

（2）长按 3s 可回复系统默认值。

一个状态指示灯：LED4，LED4 的设置模式如表 5-5 所示。

表 5-5　LED4 的设置模式

模式	LED 显示	模块状态
主模式	均匀快速闪烁（150 ms-on，150 ms-off）	搜索及连接从设备
	快闪 5 下后熄灭 2 s	连接中
	长亮	建立连接
从模式	均匀慢速闪烁（800 ms-on，800 ms-off）	等待配对
	长亮	建立连接

LED 引脚指示蓝牙连接状态，输出脉冲表示蓝牙没有连接，输出高表示蓝牙已经连接并且打开了端口。

5.8　蓝牙应用开发

蓝牙模块应用开发的实质是通过控制蓝牙模块的配对连接，进行相应的数据收发。

应用开发——AT 命令集，操作 AT 指令可以使用户与蓝牙模块之间方便地进行交互，AT 指令主要用于蓝牙模块配对前的相关设置，一旦连接成功，通信双方即进入透传模式，蓝牙模块将不再对 AT 指令作出响应。

5.8.1　AT 指令概述

（1）AT 即 Attention（注意、注意力）。

（2）每条命令以字母"AT"开头，因此得名。

（3）AT 指令主要用于操作相应模块。

（4）早期的 AT 指令集多用于 GSM、GPRS 模块。

（5）尤其简单和标准化的原因，越来越多的模块已支持 AT 指令，如蓝牙模块和 Wi-Fi 模块。

（6）AT 指令是以 AT 开头，以回车、换行字符（\r\n）结尾，不区分大小写。

（7）AT 指令的响应在数据包中，每个指令执行成功与否都有相应的返回。其他的一些非预期信息（如有人拨号进来、线路无信号等），模块将有对应的一些信息提示，接收端可作相应的处理。

（8）AT 指令主要分为 Command（下行命令）和 Indication（上行命令），下行命令是 PC 发给模块的，上行命令是模块上报给 PC 的。

5.8.2　AT 指令示例——下行

将电路板上的蓝牙串口通过串口线连至 PC 机，开启超级串口程序，设置好串口号和波特率（默认值 9600），蓝牙模块对相应 AT 指令的响应，在超级串口的接收区显示。查询/设置蓝牙名称，在超级串口的发送区中输入。每一条指令均以回车符结束。

本例在连接好硬件设备的基础上，采用超级串口工具进行现场演示，注意超级串口的串口号需根据实际情况进行设置。另外，界面最下角的接收字符数和发送字符数也是随着串口通信时刻变化的。

蓝牙模块对相应 AT 指令的响应，在超级串口的接收区显示。查询/设置串口通信波特率，在超级串口的发送区中输入。每一条指令以回车符结束。

（1）测试连接命令。

输入：AT

响应：OK

（2）查询/设置蓝牙设备名称命令。

查询输入：AT+NAME

响应：+NAME=BOLUTEK（默认值）

设置输入：AT+NAMEBC04-B

响应：OK

具体操作如图 5-12 所示。

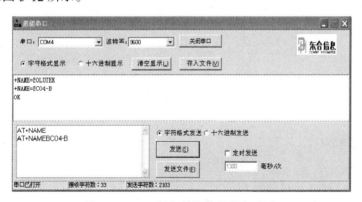

图 5-12　AT 指令查询蓝牙设备名称

（3）查询/设置波特率命令。

查询输入：AT+BAUD

响应：+BAUD=4（默认值 9600）

设置输入：AT+BAUD8

响应：OK

具体操作如图 5-13 所示。注意：蓝牙模块的波特率更改后，在超级串口中必须重新选择 PC 的波特率，使其同 AT 指令修改后的值一致，然后关闭串口并重新打开，才能继续进行正常的串口通信。否则，在超级串口上将不会显示任何后续 AT 指令的应答。波特率一般采用默认设置 9600 即可，不必做更改设置，此处置位演示其使用。

（4）清除记忆地址命令。

输入：AT+CLEAR

响应：OK

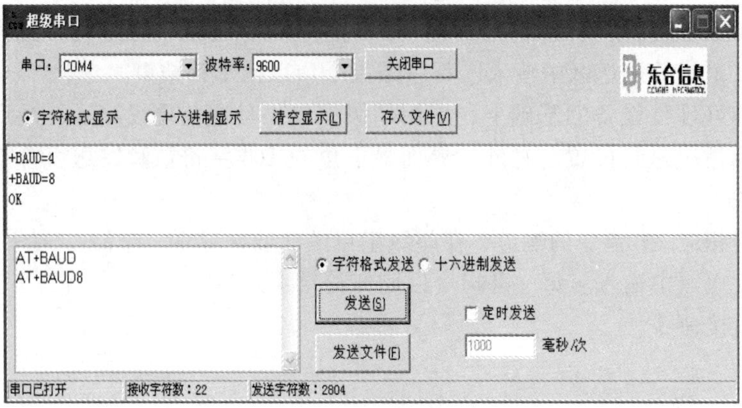

图 5-13　设置波特率

5.8.3　AT 指令示例——上行

蓝牙模块默认开启上行指令，可以自动向上位机报告相关模块信息

（1）已准备好状态。

　　+READY

（2）连接中。

+CONNECTING

\>\>aa：bb：cc：dd：ee：ff（主模式）

<<aa：bb：cc：dd：ee：ff（从模式）

（3）查询状态。

　　+INQUIRING

（4）连接断开。

+DISC：SUCCESS（正常断开）

　　　　　　LINKLOSS（链接丢失断开）

　　　　　　NO_SLC（无 SLC 连接断开）

　　　　　　TIMEOUT（超时断开）

5.8.4　查询串口通信模式和工作状态

查询串口通信模式和工作状态，在超级串口的接收区中显示。

查询串口通信模式和工作状态，在超级串口的发送区中输入。每一条指令以回车符结束。如图 5-14 所示。

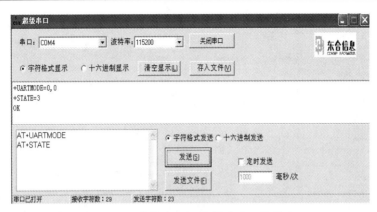

图 5-14　查询串口通信模式和工作状态

恢复蓝牙模块默认设置命令：

输入：AT+DEFAULT

响应：OK

5.8.5　蓝牙初始化

完成蓝牙设备配对连接前的初始化配置。

初始化指令一般包含下述内容：查询/设置蓝牙模块名称；查询本地蓝牙地址；查询/设置—开启上行指令；查询/设置—设备类型；查询/设置查询访问码；查询/设置—寻呼扫描、查询扫描参数；查询/设置—是否自动搜索远端蓝牙设备；查询—蓝牙配对列表；查询/设置配对码；查询/设置连接模式：指定蓝牙地址连接/任意地址连接。

硬件电路如图 5-11 所示，将本模块和 PC 相连，通过串口发送 AT 指令控制本模块完成连接前的相关设置，采用硬件设置主从方式，蓝牙模块作为从机。

依次完成下述设置：

① 将本模块名称设置为 BC04-B；

② 查询本模块的 48 位设备地址；

③ 开启 indiction 上行指令；

④ 设置蓝牙设备类型（从模式下被对端检索，主模式下返回所有搜索到的设备）；

⑤ 设置蓝牙查询访问码为 GIAC，以便被周围所有的蓝牙设备查询；

指令操作如图 5-15 所示。

接下来进行配对与连接操作，依次完成下述设置：

① 设置寻呼扫描、查询扫描参数；

② 设置自动搜索远端蓝牙设备；

③ 查询蓝牙配对列表（无配对列表）；

④ 设置配对码为 123456；

⑤ 设置任意蓝牙地址连接模式，不和特定的（由 BIND 指令设置地址）蓝牙设备进行连接。

具体指令流程如图 5-16 所示。

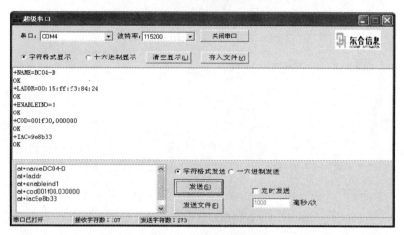

图 5-15　初始化配置

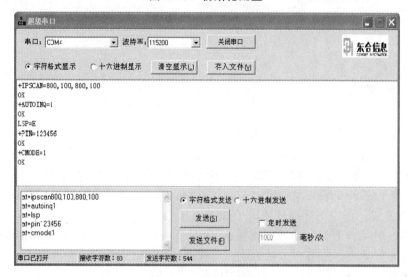

图 5-16　配对与连接

5.8.6　蓝牙配对测试

（1）使用蓝牙模块与 PC 或手机进行通信时，PC 和手机的蓝牙一般作为主机，蓝牙模块作为从机。

（2）所需硬件及软件：无线通信系统板、安卓智能手机、安卓蓝牙串口助手、超级串口。

（3）将无线通信系统板上的蓝牙串口端通过串口线连至 PC 机，将 JP12 的 1 与 3、2 与 4 用跳线短接，即蓝牙模块与 PC 相连；JP13 的 1 与 2 短接，即硬件设置主从方式；JP14 的 1 与 2 短接，即从机模式。开启 PC 上的超级串口程序。

5.8.7　蓝牙配对测试——实现步骤

1. 蓝牙连接前的初始化设置

2. 安卓蓝牙串口助手安装。

开启安卓手机的蓝牙功能，下载蓝牙串口助手 vPRO 到安卓手机（需自带蓝牙模块）并安装，如图 5-17 所示。

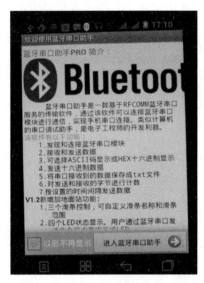

图 5-17　安卓蓝牙串口助手安装

3. 配对连接

输入初始化步骤中设置好的配对码（123456），然后点击确定。

此处，每个手机可能显示的界面不完全相同，但是均要求输入配对码

在超级串口中发送 3 次"AT+PIN"指令，经数据透传后显示在手机的蓝牙串口助手接收区中，如图 5-18 所示。

蓝牙的配对连接受一定距离的限制，具体依不同的蓝牙模块而不同（典型的为十几米）。因此，将手机逐渐远离蓝牙模块，当超出距离的临界值时，手机与蓝牙模块之间的连接将会自动断开。

蓝牙串口模块的主要功能是取代串口线：

两个单片机，分别连接一个蓝牙主机和从机，主机和从机配对后即进入透明数据传输模式，相当于一根串口线，包含了 RXD 和 TXD 两组信号，两个单片机之间可以通过蓝牙串口模块通信。

（1）市面上大多数的蓝牙设备都是使用蓝牙从机的，比如蓝牙打印机，蓝牙 GPS，大部分就是从机模式的，我们可以使用主机模块（手机、PC）和它配对通信。

（2）BC04-B 的 24 引脚（连接 LED4 的引脚）可用于判断是否完成配对。当 LED4 长亮，说明配对完毕，两个单片机之间可以相互进行串口通信，用户可以认为两个单片机之间连接了一根串口线。

（3）在配对完成之前，模块工作于 AT 模式。

（4）本模块可设置为主机或从机，主从机模式的切换可通过硬件或 AT 指令完成，切换后的模式需在系统下一次上电后生效。

蓝牙模块配对后只要当成固定波特率的串口一样使用即可，因此只要是以"固定波特率，

8 位数据位，无奇偶校验"通信格式的串口设备都可以直接取代原来的串口线而不需要修改程序，如智能车、串口打印机等。

　　与电脑配对使用：适合电脑跟设备间通过蓝牙串口通信，使用方法与串口一样。

　　与手机配对使用：适合手机跟设备间通过蓝牙串口通信，使用方法与串口一样。

第 6 章　采集数据处理与应用

底层各种传感器采集的数据，这些数据通过无线传感网，最终传输到计算机、手机等应用终端，并对传输来的数据进行分析、判断、决策等，传输到平台必要的进行数据存储，以便日后使用。

6.1　数据应用程序（C#）连接 MySQL 数据库

C#连接数据库使用的文件，MySql 安装包，MySql 动态链接库，MySql 前端软件（图形化界面建立数据库、表、字段等等），如图 6-1 所示。

图 6-1　C#连接数据库使用的文件

C#连接 MySQL 使用过程：

步骤 1：解压下载的文件；

步骤 2：复制文件"mysql.data.dll"到系统目录下；

步骤 3：系统目录一般为：C：\WINNT\System32 64 位系统为 C：\Windows\SysWOW64；

步骤 4：最后点击开始菜单-->运行-->输入 regsvr32 Mysql.data.dll 后，回车即可解决错误提示（选做）。

步骤 5：在再引用中添加引用，找到 C：\Windows\SysWOW64 目录，找到 mysql.data.dll 文件，然后双击窗口，在 C#代码文件中添加 using MySql.Data.MySqlClient；

步骤 6：在 C#代码中加入以下代码，进行数据库连接。

```
string M_str_sqlcon ="server=127.0.0.1; userid=root; password=root; database=test2"; //可根据自己设置

MySqlConnection mycon = new MySqlConnection（）; //实例化连接对象

mycon.ConnectionString = M_str_sqlcon;   //连接到数据库

try
{
mycon.Open（）; //打开连接
MessageBox.Show（"数据库已经连接了！"）;
}
catch（Exception ex）
{
```

MessageBox.Show（ex.Message）；

　　}

mycon.Close（）；//关闭连接

注：使用 MySql.Data.dll 连接

参考网址：https：//www.cnblogs.com/sosoft/p/3906136.html

6.2　采集数据的显示

　　数据库显示框 dataGridView 控件中的使用，通过在指定的文本框中输入所要添加的用户信息，单击【加入数据库】按钮，通过在按钮的 Click 事件中利用 SQL 语句来实现添加过程，添加的信息将显示在 dataGridView1 控件中。

　　创建窗体，如图 6-2 所示。

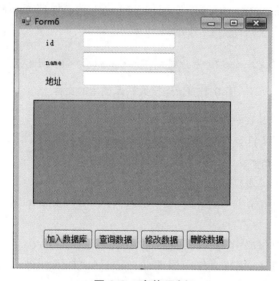

图 6-2　窗体示例

　　这个窗体中，使用了 3 个标签：id（label1）、name（label2）、地址（label3），3 个文本框：textBox1、textBox2、textBox3。一个 dataGridView1 控件，4 个 Button 控件（button1-button4）。

　　程序开发步骤：

　　（1）建立图 6-2 所示的窗体。

　　（2）主要程序代码。

　　首先，在 Form6_Load 事件中调用自定义的绑定方法。

private void Form6_Load（object sender，EventArgs e）

　　　　{

　　　　　　GridViewBind（）；

　　　　}

自定义绑定方法 GridViewBind（）代码如下。

```
public void GridViewBind（）
        {
            string  M_str_sqlcon  =  "server=127.0.0.1；user  id=root；password=root；
database=test2";

            MySqlConnection mycon = new MySqlConnection（）; //实例化连接对象
            mycon.ConnectionString = M_str_sqlcon;   //连接到数据库
            mycon.Open（）; //打开连接
            string sql = "select * from table1";
            MySqlDataAdapter adp = new MySqlDataAdapter（sql，mycon）; //定义一个
数据适配器

            DataSet ds = new DataSet（）; //定义一个数据集
            adp.Fill（ds，"table1"）;
            BindingSource bs = new BindingSource（）;
            bs.DataMember = "table1";
            bs.DataSource = ds.Tables[0];
            this.dataGridView1.DataSource = bs; //将数据表格用数据集中的数据填充
            mycon.Close（）; 关闭数据库
        }
```

数据库的其他操作比如添加、查询、修改、删除数据，第七章中进行数据应用时详述。

第7章 综合设计-教室智能灯光控制系统

7.1 系统功能设计

智能灯控系统分为 3 个部分：信息采集、网络传输和监控中心。

信息采集中所有的 ZigBee 节点组成无线传感网，网络中 1 个协调器，多个终端节点，网内采用点对点的通信方式可以很好地避免所有灯控节点同时发送数据而造成数据冲突。

网络传输设备：鉴于采集器的接口和设备的工作环境等多种情况的要求，ESP8266 作为采集和传输设备，实现监控中心对灯控系统的远程监控。

监控中心包括 WEB 服务器、数据服务器以及手机 APP 等，监控平台可以 24 小时不间断采集现场实时数据，动态显示光照环境数据，自动形成报表，可通过 Internet 访问监控平台实时查看相应数据、或者控制灯亮灭、光强度等设备，终端数据采集器包括人体红外热释电传感器、光敏传感器等数据发送给 DTU，然后通过运营商网络传输到监控中心；同时可通过监控中心发送指令到 DTU，DTU 将控制指令透传执行设备，从而完成灯控的工作。

信息采集包括协调器节点、传感器、灯控节点；网络传输设备主要是 WI-FI 模块；监控中心包括 WEB 服务器、数据服务器、手机 APP，系统结构图如图 7-1 所示。

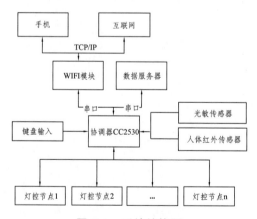

图 7-1 系统结构图

由图 7-1 可知位于最底层的终端灯控节点、协调器、传感器都是以 CC2530 作为主控芯片，它们之间的通信使用自定义的通信协议，该协议采用主从模式进行通信，每一次的通信发起者都为协调器，协调器发送控制指令，终端灯控节点返回处理结果，协调器发送数据请求指令，终端灯控节点返回当前的光照调节强度，是否有人等数据信息。采用点对点的通信方式可以很好地避免所有灯控节点同时发送数据而造成数据冲突。

Wi-Fi 模块主要与 OneNet 云平台进行连接。

　　数据服务器应用程序的主要功能接收将协调器的数据，存储信息，分析后显示信息，信息中超过阈值后发送的控制命令，然后通过串口发送到协调器。手机 APP 显示数据信息，手动控制灯光效果。

7.2　ZigBee 节点的设计

　　基于 ZigBee 技术的智能灯控无线传感网中，可设计为 1 个协调器，3 个终端节点。3 个终端节点分别是光敏传感器、人体红外传感器和灯光控制节点。光敏电阻器的阻值随入射光线（可见光）的强弱变化而变化，系统每秒通过 ADC 采集当前环境的光照强度，红外热释电能够检测当前环境中是否有人。

　　灯光控制节点连接 P1_0、P1_1、P1_2，键盘输入为 P0_3、P0_4、P0_5，功能设置在灯光节点上，完成的按键调光。灯控系统设计有智能模式和用户模式：

　　（1）用户模式：用户可以随时通过 APP 调节 3 个灯的亮度。

　　（2）智能模式：灯 1 仍然可以被用户自己调节；灯 2 不能由用户控制，只会随光照强度的改变而改变，光照越弱，灯就会越亮；灯 3 也不能由用户控制，在检测到有人的情况下，随光照强度的改变而改变，光照越弱，灯就会越亮。

　　这 3 种情况用于不同的场景，同时终端节点每隔 5 s 会周期性地把 3 个灯的亮度、光照强度、是否有人、控制方式等参数信息发送给协调器，让协调器转发到数据服务器中。

　　本系统在 ZigBee 协议栈基础上进行二次开发，不仅方便快捷，而且协议栈的代码可移植性高、技术成熟、成本低，广泛用于当前 ZigBee 开发控制，使整个系统的稳定性更高。

7.3　通信协议分析

　　实现数据在模块之间的传递。协议对无线模块内的参数和硬件资源标准化，从而可以采用相同的方法来访问和控制模块内部的资源；串口控制协议为用户提供了对模块的控制访问通道，用户设备可以通过串口对无线通信进行控制，完成数据的传递，参数的访问等。

　　系统协调器主要实现 3 个功能：利用协调器组建一个无线网络，其他所有的终端节点都加入该网络；接收终端节点发送过来的各种数据，包括各个节点的 PWM 值、光照强度、开关状态、是否启用智能模式等信息，通过串口发送给单片机；接收从串口发送到的数据指令，根据定义好的通信协议，解析出地址发给对应终端节点。控制指令的通信协议如下：协调器发给终端节点 0XFF、0X01、0X01、0X89、0XFF。其中，0XFF 为起始位；0X01 节点编号 0 ~ 9；0X01 为控制设备；0X89 为 PWM 值；0XFF 为停止位。

　　协调器的核心是转发数据，终端节点发送数据到协调器十分简单，因为协调器的网络地址是固定的 0X0000；协调器广播给所有的终端节点的网络地址为 0XFFFF，基于 ZigBee 技术的程序流程图如图 7-2 所示。

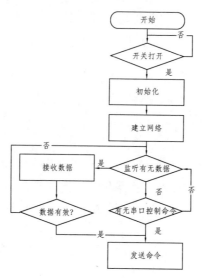

图 7-2　程序流程图

7.5　数据库的设计

系统数据服务器在.NET 平台上开发，数据服务器接收串口数据，把接收的数据存放到数据库中，经过数据分析处理，最后显示在数据服务器界面。采集数据在数据库中的操作增、删、查、改。常用到的对象有：SqlConnection，SqlAdapter，SqlCommand、Dataset、DataGrid 和 DataReader 等，以 SqlConnection，SqlAdapter，SqlCommand、Dataset、DataGrid 对象，操作 SQL 的实例数据库 test2 中的 table1 表为例说明（假定数据库在本地 127.0.0.1，数据库访问的用户名为 user，密码为 root），数据库设置如下图 7-3 所示：

图 7-3　数据库配置信息

首先引入数据库操作引用：using System.Data.SqlClient；
在开发窗口添加该文件即数据库的库文件。数据操作的实现包括添加、查询、修改及删除，具体实现如下。

7.5.1　传感器采集数据的添加

步骤 1：自定义一个 getConut（）方法，此方法将用来判断是否有添加了相同的记录，代码如下。

```
public int getConut（）
        {
                string  M_str_sqlcon  =  "server=127.0.0.1；user  id=root；password=root；
database=test2"；
                MySqlConnection mycon = new MySqlConnection（）；//实例化连接对象
                mycon.ConnectionString = M_str_sqlcon；//连接到数据库
                mycon.Open（）；//打开连接
                string str = "select * from table1 where Id='" + textBox1.Text + "'"；//查
id=textBox1.Text
                MySqlCommand cmd = new MySqlCommand（str，mycon）；//执行查询命令
                int intcont = Convert.ToInt32（cmd.ExecuteScalar（））；//将返回的对象转换
为整型
                mycon.Close（）；//关闭数据库
                MessageBox.Show（"11111'" + intcont + "'"）；
                return intcont；//无相同的条目，返回 0，否则返回，相同的条目的数字。
        }
```

步骤 2："加入数据库"按钮 Click 事件代码如下。

```
private void button1_Click（object sender，　EventArgs e）
        {
                if（getConut（）!= 0）//判断是否有相同的条目
                {
                    MessageBox.Show（"对不起，添加了相同的记录"）；
                }
                else
                {
                    try
                    {
                        string M_str_sqlcon="server=127.0.0.1；user id=root；password=root；
database=test2"；//定义数据库连接参数
                        MySqlConnection mycon = new MySqlConnection（）；//定义一个数
据连接实例
                        mycon.ConnectionString = M_str_sqlcon；
```

```
                    mycon.Open（）;  //打开数据库连接
                    string InsertSql = "insert into table1（Id，name，address）values（'"
+ textBox1.Text + "'，'" + textBox2.Text + "'，'" + textBox3.Text + "'）";
                    string sql = "select * from table1";
                    MySqlCommand cmd = new MySqlCommand（InsertSql，mycon）;
//定义一个数据库操作指令
                    cmd.ExecuteNonQuery（）;  //执行数据库查询指令
                    MySqlDataAdapter adp = new MySqlDataAdapter（sql，mycon）;
//定义一个数据适配器
                    DataSet ds = new DataSet（）;  //定义一个数据集
                    adp.Fill（ds，"table1"）;  //填充数据集
                    mycon.Close（）;
                    BindingSource bs = new BindingSource（）;
                    bs.DataMember = "table1";
                    bs.DataSource = ds.Tables[0];
                    this.dataGridView1.DataSource = bs;  //将数据表格用数据集中的数
据填充
                    MessageBox.Show（"程序走到这里了"）;
                }
                catch（Exception ex）
                {
                    Console.WriteLine（"{0} Exception caught."，ex）;
                    MessageBox.Show（"出错异常"）;
                }
            }
        }
```

步骤 3：插入信息效果如图 7-4 所示，可加入中文字符，且主键不能相同。

图 7-4　添加信息

7.5.2　传感器采集数据的查询

步骤 1："查询数据"按钮 Click 事件代码如下。

```
private void button2_Click（object sender，EventArgs e）
        {
            try
            {
                string M_str_sqlcon = "server=127.0.0.1；user id=root；password=root；database=test2"；//定义数据库连接参数 MySqlConnection mycon = new MySqlConnection（M_str_sqlcon）；//定义一个数据连接实例 string sql = "SELECT Id，name，address FROM table1"；//查询命令
                MySqlCommand selectsql = new MySqlCommand（"SELECT Id，name，address FROM table1"，mycon）；//定义一个数据库操作指令
                MySqlDataAdapter adp = new MySqlDataAdapter（）；//定义一个数据适配器
                adp.SelectCommand = selectsql；//定义数据适配器的操作指令 DataSet ds = new DataSet（）；//定义一个数据集
                mycon.Open（）；//打开数据库连接 adp.SelectCommand. ExecuteNonQuery（）；//执行数据库查询指令
                mycon.Close（）；//关闭数据库连接
                adp.Fill（ds）；//填充数据集
                BindingSource bs = new BindingSource（）；
                bs.DataMember = "table1"；
                bs.DataSource = ds.Tables[0]；
                this.dataGridView1.DataSource = bs；//将数据表格用数据集中的数据填充
                dataGridView1.Columns[0].HeaderText = "学号"；
            }
            catch（Exception ex）
            {
                Console.WriteLine（"{0} Exception caught."，ex）；
                MessageBox.Show（"异常！异常！-----"）；
            }
        }
```

步骤 2：点击按钮"查询数据"，如图 7-5 所示。

图 7-5　查询数据

7.5.3　传感器采集数据的修改

步骤 1："修改数据"按钮 Click 事件代码如下。

```
private void button3_Click（object sender，EventArgs e）
        {
            try
            {
                string M_str_sqlcon = "server=127.0.0.1；user id=root；password=root；
database=test2"；MySqlConnection mycon = new MySqlConn//定义数据库连接参数 ection
（M_str_sqlcon）；//定义一个数据连接实例
                mycon.Open（）；//打开数据库连接
                string MyUpdate = "Update table1 set name='" + textBox2.Text + "',
address='" + textBox3.Text + "'where Id='" + textBox1.Text + "'"；//数据库修改命令
                string sql = "select * from table1"；
                MySqlCommand cmd = new MySqlCommand（MyUpdate，mycon）；//
定义一个数据库操作指令
                cmd.ExecuteNonQuery（）；
                MySqlDataAdapter adp = new MySqlDataAdapter（sql，mycon）；//定义
一个数据适配器
                DataSet ds = new DataSet（）；//定义一个数据集
                mycon.Close（）；//关闭数据库连接
                adp.Fill（ds，"table1"）；
                BindingSource bs = new BindingSource（）；
                bs.DataMember = "table1"；
```

```
                bs.DataSource = ds.Tables[0];
                this.dataGridView1.DataSource = bs;//将数据表格用数据集中的数据填充
                MessageBox.Show（"修改数据"）;
            }
            catch（Exception ex）
            {
                Console.WriteLine（"{0} Exception caught."，ex）;
                MessageBox.Show（"异常、异常-----"）;
            }
        }
```

步骤 2：如图 7-6 所示：将 id=2 的地方的"张三"改为"zhangsan"；

图 7-6　修改数据

点击按钮"修改数据"，如图 7-7 所示，修改成功。

图 7-7　修改结果

7.5.4　传感器采集数据的删除

在 dataGridView 控件中，鼠标点击那行，选中需要删除的条目，点击"删除数据"，即把选中的条目删除。

```
private void button4_Click（object sender，EventArgs e）
        {
            try
            {
                string M_str_sqlcon = "server=127.0.0.1；user id=root；password=root；
database=test2"；//定义数据库连接参数
                MySqlConnection mycon = new MySqlConnection（M_str_sqlcon）；/定
义一个数据库操作指令
                mycon.Open（）；//打开数据库连接
    string sID = this.dataGridView1.CurrentRow.Cells[0].Value.ToString（）；
                string strsql = "Delete from table1 where Id='" + sID + "'"；
                string sql = "select * from table1"；
                MySqlCommand cmd = new MySqlCommand（strsql，mycon）；
                cmd.ExecuteNonQuery（）；
                MySqlDataAdapter adp = new MySqlDataAdapter（sql，mycon）；//定义
一个数据适配器
                //adp.SelectCommand.ExecuteNonQuery（）；
                DataSet ds = new DataSet（）；//定义一个数据集 mycon.Close（）；//关
闭数据库连接
                adp.Fill（ds，"table1"）；
                BindingSource bs = new BindingSource（）；
                bs.DataMember = "table1"；
                bs.DataSource = ds.Tables[0]；
                this.dataGridView1.DataSource = bs；//将数据表格用数据集中的数据
填充
                MessageBox.Show（"删除删除-----"）；
            }
            catch（Exception ex）
            {
                Console.WriteLine（"{0} Exception caught.",ex）；
                MessageBox.Show（"异常！修改异常-----"）；
            }
        }
```

选中 id=1 的条目，点击"删除数据"，删除结果如图 7-8 所示。

图 7-8 删除数据

7.6 连接与通信

7.6.1 ZigBee 节点（协调器）与电脑的串口通信

串行接口（Serial Interface）是指数据一位一位地顺序传送，其特点是通信线路简单，只要一对传输线就可以实现双向通信，从而大大降低了成本，特别适用于远距离通信，但传送速度较慢。一条信息的各位数据被逐位按顺序传送的通讯方式称为串行通讯。串行通讯的特点是：数据位的传送，按位顺序进行，最少只需一根传输线即可完成；成本低但传送速度慢。串行通讯的距离可以从几米到几千米；根据信息的传送方向，串行通讯可以进一步分为单工、半双工和全双工三种。

串口在嵌入式开发中非常重要，一般都要使用串口通讯、调试，所以学会串口使用也是必须的。实际上这个实验非常简单，和上个实验大部分一样，增加三个语句就可使串口工作，是不是信心十足啊。

使用串口步骤：

（1）串口初始化。

（2）注册串口任务任务。

（3）串口发送。

打开 ZigBee 协议栈 ZStack-CC2530-2.3.0-1.4.0\Projects\zstack\Samples\SampleApp\CC2530DB\SampleApp.eww。在左边 workspace 目录下比较重要的两个文件夹分别是 Zmain 和 App。我们开发主要在 App 文件夹进行，这也是用户自己添加自己代码的地方。主要修改 SampleApp.c 和 SampleApp.h 即可。

第一步：串口初始化，串口初始化相信大家很熟悉，就是配置串口号、波特率、校验位、数据位、停止位等等。在基础实验都是配置好寄存器然后使用。现在在 workspace 下找到 HAL\Target\CC2530EB\drivers 的 hal_uart.c 文件，可以看到里面已经包括了串口初始化、发送、接收等函数，全都封装好了；只需根据自己需要修改相关配置，调用相应的接口函数就可使用串口了。看看 workspace 上的 MT 层，发觉有很多基本函数，前面带 MT。包括 MT_UART.C，打开这个文件。看到 MT_UartInit（）函数，这里也有一个串口初始化函数的，Z-stack 上有一个 MT 层，用户可以选用 MT 层配置和调用其他驱动。进一步简化了操作流程。前期知道串口配置的方法，串口 SampleApp_Init（）初始化。

用户自己添加的应用任务程序在 Zstack 中的调用过程是：

main（）---> osal_init_system（）--->osalInitTasks（）---> SampleApp_Init（）

打开 APP 目录下的 SampleApp.c 发现 SampleApp_Init（）函数。在这里加入串口初始化代码，如图 7-9 所示。

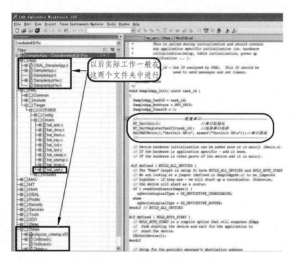

图 7-9　添加串口初始化代码

MT_UartInit（）；设置串口参数

1. void MT_UartInit（）
2. {
3. halUARTCfg_t uartConfig；
4. /* Initialize APP ID */
5. App_TaskID = 0；
6. /*UART Configuration */
7. uartConfig.configured = TRUE；
8.uartConfig.baudRate = MT_UART_DEFAULT_BAUDRATE；
9.uartConfig.flowContro l = MT_UART_DEFAULT_OVERFLOW；
10. uartConfig.flowControlThreshold = MT_UART_DEFAULT_THRESHOLD；
11. uartConfig.rx.maxBufSize =MT_UART_DEFAULT_MAX_RX_BUFF；
12. uartConfig.tx.maxBufSize = MT_UART_DEFAULT_MAX_TX_BUFF；
13. uartConfig.idleTimeout =MT_UART_DEFAULT_IDLE_TIMEOUT；

14. uartConf ig.intEnable = TRUE；

15. #if defined（ZTOOL_P1）|| defined（ZTOOL_P2）

16. uartConfig.callBackFunc = MT_UartProcessZToolData；

17. #elif defined（ZAPP_P1）|| defined（ZAPP_P2）

18. uartConfig.callBackFunc = MT_UartProcessZAppData；

19. #else

20. uartConfig.callBackFunc=NULL；

21. #endif

22. /*Start UART */

23. #if defined（MT_UART_DEFAULT_PORT）

24. HalUARTOpen（MT_UART_DEFAULT_PORT，&uartConfig）；

25. #else

26. /*Silence IAR compiler warning */

27. （void）uartConfig；

28. #endif

29. /*Initialize for ZApp */

30. #if defined（ZAPP_P1）|| defined（ZAPP_P2）

31. /*Default max bytes that ZAPP can take */

32. MT_UartMaxZAppBufLen = 1；

33. MT_UartZAppRxStatus = MT_UART_ZAPP_RX_READY；

34. #endif

35. }

第 8 行：uartConfig.baudRate = MT_UART_DEFAULT_BAUDRATE；是配置波特率，右键"gotodefinitionof"MT_UART_DEFAULT_BAUDRATE，

可以看到：

#define MT_UART_DEFAULT_BAUDRATEHAL_UART_BR_38400 默认的波特率是38400bps，现在修改成 9600bps，修改如下：

#define MT_UART_DEFAULT_BAUDRATE

HAL_UART_BR_9600

第 9 行：uartConfig.flowControl = MT_UART_DEFAULT_OVERFLOW；语句是配置流控的，进入定义可以看到：

#define MT_UART_DEFAULT_OVERFLOWTRUE 默认是打开串口流控的，如果只连了TX/RX 2 根线的方式务必关流控。

注意：2 根线的通讯连接一定要关流控，不然是永远收发不了信息的，现在大部产品很少用流控。

#define MT_UART_DEFAULT_OVERFLOWFALSE

第 16 ~ 22 行：这个是预编译，根据预先定义的 ZTOOL 或者 ZAPP 选择不同的数据处理函数。后面的 P1 和 P2 则是串口 0 和串口 1。用 ZTOOL，串口 0。可以在 option——C/C++的CompilerPreprocessor 地方加入。如图 7-10 所示，至此初始化配置完了。

图 7-10 预编译选项的查找

第二步：注册串口任务任务在 SampleApp_Init（）；刚添加的串口初始化语句下面加入语句：
MT_UartRegisterTaskID（task_id）；//注册串口任务任务

第三步：串口发送经过前面两个步骤，现在串口已经可以发送信息了，增加代码如图 7-9 所示。HalUARTWrite（0，"UartInit OK\n"，sizeof（"UartInit OK\n"））；//串口发送

在项目配置选项卡中预编译处加入以下一些内容。ZIGBEEPRO ZTOOL_P1；xMT_TASK xMT_SYS_FUNC；

xMT_ZDO_FUNC；LCD_SUPPORTED=DEBUG，如图 7-11 所示。

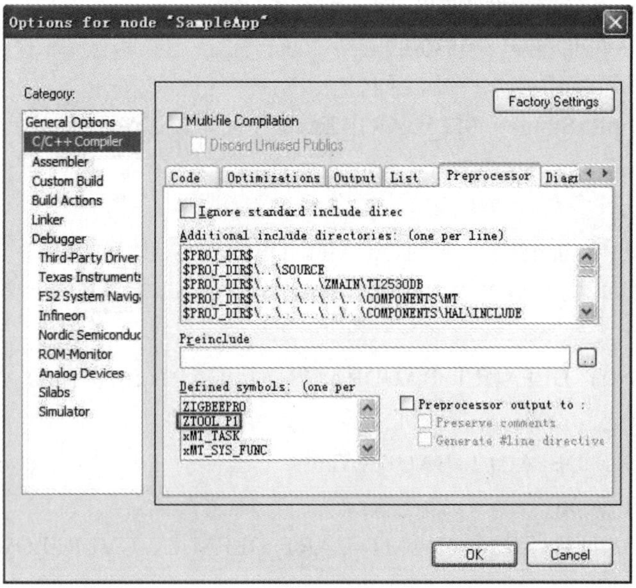

图 7-11 预编译的更改

连接仿真器和 USB 转串口线，选择 CoordinatorEB-Pro，编译完成后 下载和调试。配置串口点调试助手为：9600 8N1 并打开串口，（串口请选择自己的端口号）。在 IAR 点 全速运行，可以看到串口调试助手收到模块发过来的字符串。

也许仔细的朋友会发现 xMT_TASK，xMT_SYS_FUNC，xMT_ZDO_FUNC 前面都有个 x，事实上真正的宏是 MT_TASK，MT_SYS_FUNC，T_ZDO_FUNC，加了 x 表示不定义它们了。向串口发送 UartInit OK，如图 7-12 所示。

图 7-12　向串口发送 UartInit OK

7.6.2　广播组网−无线数据传输

终端发 "0123456789" 协调器收到后通过串口发给电脑，串口调试助手显示接收到的字符串，打开 ZigBee 协议栈 ZStack-CC2530-2.3.0-1.4.0\Projects\zstack\Samples\SampleApp\CC2530DB\SampleApp.eww》工程。在左边 workspace 目录下比较重要的两个文件夹分别是 Zmain 和 App。发主要在 App 文件夹进行，这也是用户添加自己代码的地方。主要修改 SampleApp.c 和 SampleApp.h 即可，如图 7-13 所示。

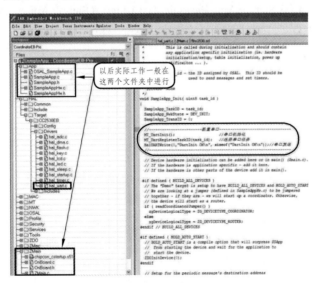

图 7-13　SampleApp.c 文件

只需在上个串口通信代码的基础上，修两个地方；先修改，观察实现现象，再分析源码。

（1）接收数据（粗体字体为新增代码）

SampleApp_MessageMSGCB，在函数 case SAMPLEAPP_PERIODIC_CLUSTERID：下面

增加三行代码，修改后如下：

```
void SampleApp_MessageMSGCB（afIncomingMSGPacket_t *pkt）//接收数据
{
uint16 flashTime；
switch（pkt->clusterId）
{
case SAMPLEAPP_PERIODIC_CLUSTERID：HalUARTWrite（0，"Rx："，3）；//提示信息
HalUARTWrite（0，pkt->cmd.Data，pkt->cmd.DataLength）；//输出接收到的数据
HalUARTWrite（0，"\n"，1）；//回车换行
break；
case SAMPLEAPP_FLASH_CLUSTERID：//此实验没有使用，到后面实验详解 flashTime =
BUILD_UINT16（pkt->cmd.Data[1]，pkt->cmd.Data[2]）；HalLedBlink（HAL_LED_4，4，50，
（flashTime / 4））；
break；
}
}
```

（2）发送数据（粗体字体为新增代码）

```
void SampleApp_SendPeriodicMessage（void）//周期发送函数
{
uint8 data[11]="0123456789"；
// 调用 AF_Da taRequest 将数据无线广播出去
if（AF_DataRequest（&SampleApp_Periodic_DstAddr，&SampleApp_epDesc，SAMPLEAPP_
PERIODIC_CLUSTERID，10，data，&SampleApp_TransID，AF_DISCV_ROUTE，AF_
DEFAULT_RADIUS）== afStatus_SUCCESS）
{
}
else
{
// Error occurred in request to send.
}
}
```

（3）实现步骤

① 选择 CoodinatorEB-Pro，下载到开发板 A；作为协调器，通过 USB 线跟电脑连接

② 选择 EndDeviceEB-Pro，下载到开发板 B；作为终端设备无线发送数据给协调器

③ 给两块开发板上电，打开串口调试助手，设为：9600 8N1，协调器间隔 5 S 会收到终端发过来的数据。

（4）源码分析

接收数据主要工作：

① 读取接收到的数据

② 把数据通过串口发送给 PC 机

在 SampleApp.c 中搜索 SampleApp_ProcessEvent，找到如下代码处：

case AF_INCOMING_MSG_CMD：SampleApp_MessageMSGCB（MSGpkt）；break；

其中 SampleApp_MessageMSGCB（MSG pkt）；就是接收处理函数。

void SampleApp_MessageMSGCB（afIncomingMSGPacket_t *pkt）//接收数据

{

uint16 flashTime；

switch（pkt->clusterId）

{

case SAMPLEAPP_PERIODIC_CLUSTERID：HalUARTWrite（0，"Rx: "，3）；//提示信息

HalUARTWrite（0，pkt->cmd.Data，pkt->cmd.DataLength）；//输出接收到的数据
HalUARTWrite（0，"\n"，1）；//回车换行

break；

}

}

粗体部分为自己添加内容。SAMPLEAPP_PERIODIC_CLUSTERID 这个宏定义就是发送函数定义的数据包的 ID 号，它的作用是，如果收到的 ID 号相同说明是自己定义的周期性广播包。

所有的数据和信息都在函数传入来的 afIncomingMSGPacket_t *pkt 里面，进入 afIncomingMSGPacket_t 的定义，它是一个结构体，内容如下：

typedef struct

{

osal_event_hdr_t hdr；/* O SAL Message header O SAL 消息头*/

uint16 groupId；/* Mes sage's group ID - 0 i f not set 消息组 ID */

uint16 clusterId；/* Messag e's cluster ID 消息族 ID */

afAddrType_t srcAddr；

/* Source Ad dress，if endpointis STUBAPS_INTER_PAN_EP，it' s an InterPAN message 源地址类型*/

uint16 macDestAddr；/* MAC header desti nation short address MAC 物理地址*/

uint8 endPoint；/* des tination endpoint MA C 目的端点*/

uint8 wasBroadcast；/*广播地址*/

uint8 LinkQuality；/*接收数据帧的链路质量*/

uint8 correlation；/*接收数据帧的未加工相关值*/

int8 rssi；/* The received RF power in units dBm 接收的射频功率*/

uint8 SecurityUse；/* deprecated 弃用*/

uint32 timestamp；/* recei pt timestamp from MA C 收到时间标记*/

afMSGCommandFormat_t cmd；/* Application Data 应用程序数据*/

} afIncomingMSGPacket_t；//无线数据包格式结构体

那么数据在 afMSGCommandFormat_t 的结构体中，进入该函数查看。

typedef struct

{

byte TransSeqNumber；

uint16 DataLength；// Numberof bytes in TransData

byte *Data；

} afMSGCommandFormat_t；

通过程序将数据读出了。通过 osal_memcpy 复制到数据中处理

如：osal_memcpy（buf，MSGpkt->cmd.Data，MSGpkt->cmd.DataLength）；

发送部分主要工作：设置发送内容，启动定时器，周期性地发送。在 SampleApp_ProcessEven 函数找到如下代码：

1. case ZDO_STATE_CHANGE：//当网络状态改变，所有节点都会发生

2. Sample App_NwkState=（devSt ates_t）（MSGpkt->hdr.s tatus）；

3. if（///（SampleApp_NwkState== DEV_ZB_COORD）|| //协议器不用发送所以屏蔽

4.（SampleApp_NwkState == DEV_R OUTER）//路由器

5. ||（Sa mpleApp_NwkState == DEV_END_DEVICE））//终端设备

6.{

7.// Sta rt sending the period ic message in a regul ar interval.

8. osal_start_timerEx(SampleApp_TaskID， SAMPLE APP_SEND_PERIODIC_MSG _EVT，SAMPLE APP_SEND_PERIODIC_MSG _TIMEOUT)；

9.}

第 8 行：加粗字体标出的为关键代码。osal_start_timerEx 三个参数决定着周期性发送数据的命脉。逐一分析。SampleApp_TaskID：任务 ID，函数 SampleApp_Init 开头定义了 SampleApp_TaskID= task_id；也就是 SampleApp 初始化的任务 ID 号。

SAMPLE APP_AA_PERIODIC_MSG_EVT：

#define SAMPLEAPP_SEND_PERIODIC_MSG_EVT 0x0001 同一个任务下可以有多个事件，这个是事件的编号。我们可以定义自己的事件，但是编号不能重复。

SAMPLE APP_AA_PERIODIC_MSG_TIMEOUT：

#define SAMPLEAPP_SEND_PERIODIC_MSG_TIMEOUT 5000 事件重复执行的时间。这里以毫秒为单位，间隔约 5s 收到数据的原因，可以改成你需要发送的时间间隔。

注意：ZDO_STATE_CHANGE 只有当设备网络发生改变后才会触发，所以在此处可做一些初始化工作；如果网络一直连接的就不会再次进入这个函数了，只执行 1 次。

在同一函数内找到如下代码：

//判断 SAMPLEAPP_SEND_PERIODIC_MSG_EVT 有没有发生，如果有的就执行下面函数

1. if（events & SAMPLEAPP_SEND_PERIODIC_MSG_EVT）

2. {

3. // Sendthe periodic message

4. SampleApp_SendPeriodicMessage（）；

5.// Set upto send message again in normal period（+ a little jitter）

6.osal_start_timerEx（SampleA pp_TaskID，SAMPLEAPP_ SEND_PERIODIC_MSG_EVT，

7.（SAMPLEAPP_SEND_PERIODIC_MSG_TIMEOUT +（osal_rand（）& 0x00FF）））;

8.//returnunprocessed event

9.return（events ^ SAMPLEAPP_ SEND_PERIODIC_MSG_EVT）;

10. }

第 4 行：SampleApp_SendPeriodicMessage（）; 是发送数据的函数：

void SampleApp_SendPeriodicMessage（void）

{

uint8 data[11]="0123456789";

if（AF_DataRequest（&Samp leApp_Periodic_DstAdd r，&SampleApp_epDesc，SAMPLEAPP_ PERIO DIC_CLUSTERID，//簇 ID

10，//发送数据的长度

data，//数据的缓冲区

&SampleApp_Tra nsID，AF_DISCV_ROUTE，

AF_DEFAULT_RADIUS）== afStatus_SUCCESS）

{

} Else

{

// Erroroccurred inreque st to send.

}

}

如果想修改发送的字符，只需修改 data 和 len 即可。

3. 点播通信

将程序分别下载到协调器、终端，连接串口。如果 3 个模块，可将其中一个做路由器，上电可以看到只有协调器在一个周期内收到信息。也就是说路由器和终端均与地址为 0x00（协调器）的设备通信，不与其他设备通信。确定通信对象的就是节点的短地址，实现点对点传输。

广播组网-无线数据传输小节中过简单的修改即可完成点播实验。相同的工程修改代码更容易。

打开 ZigBee 协议栈 ZStack-CC2530-2.3.0-

1.4.0\Projects\zstack\Samples\SampleApp\CC2530DB\SampleApp.eww 工程。在开始之前先了解下面两个重要结构：

typedef enum //个枚举类型

{

afAddrNotPresent = AddrNotPresent，afAddr16Bit = Addr16Bit，//点播方式 afAddr64Bit = Addr64Bit，

afAddrGroup = AddrGroup，//组播方式

afAddrBroadcast = AddrBroadcast//广播方式

```
} afAddrMode_t;

typedef struct
{
union

{
uint16 shortAddr; //短地址 ZLongAddr_t extAddr; //IEEE 地址
} addr;
afAddrMode_t addrMode; //传送模式
byte endPoint; //端点号
uint16 panId; // used for the INTER_PAN feature
} afAddrType_t;
```

（1）找到 afAddrType_t SampleApp_Periodic_DstAddr；代码下面增加一行代码如下，如图 7-14 所示。

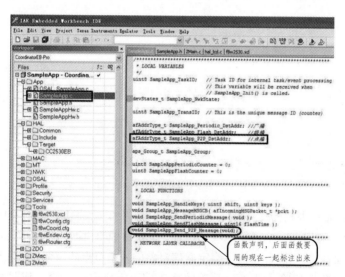

图 7-14　增加点播地址信息

（2）搜索 afAddrGroup，在它下增加对 SampleApp_P2P_DstAddr 配置，可直接复制广播的配
置修改即可，增加后如图 7-15 所示，协调器的地址规定为 0x0000。

（3）增加发送函数，相信现在对下面的函数熟悉了。

```
void SampleApp_Send_P2P_Message（void）
{
uint8 data[11]="0123456789";
```

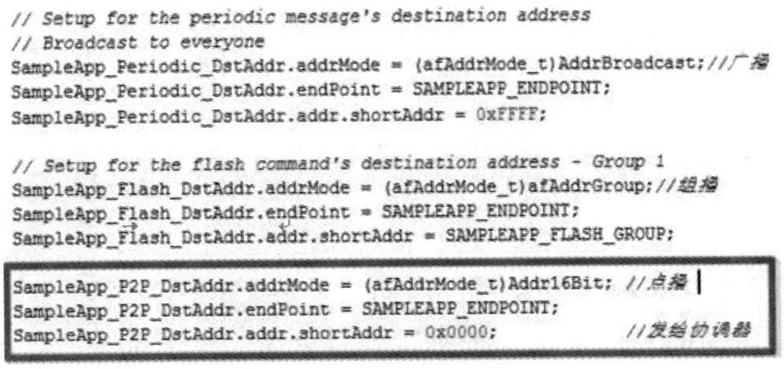

```
// Setup for the periodic message's destination address
// Broadcast to everyone
SampleApp_Periodic_DstAddr.addrMode = (afAddrMode_t)AddrBroadcast;//广播
SampleApp_Periodic_DstAddr.endPoint = SAMPLEAPP_ENDPOINT;
SampleApp_Periodic_DstAddr.addr.shortAddr = 0xFFFF;

// Setup for the flash command's destination address - Group 1
SampleApp_Flash_DstAddr.addrMode = (afAddrMode_t)afAddrGroup;//组播
SampleApp_Flash_DstAddr.endPoint = SAMPLEAPP_ENDPOINT;
SampleApp_Flash_DstAddr.addr.shortAddr = SAMPLEAPP_FLASH_GROUP;

SampleApp_P2P_DstAddr.addrMode = (afAddrMode_t)Addr16Bit; //点播
SampleApp_P2P_DstAddr.endPoint = SAMPLEAPP_ENDPOINT;
SampleApp_P2P_DstAddr.addr.shortAddr = 0x0000;            //发给协调器
```

图 7-15　添加点播地址信息

if（AF_DataRequest（&SampleApp_P2P_DstAddr，&SampleApp_epDesc，SAMPLEAPP_P2P_CLUSTERID，10，data，&SampleApp_TransID，AF_DISCV_ROUTE，AF_DEFAULT_RADIUS）== afStatus_SUCCESS）

{

}

else

{

// Erroroccurred inrequest to send.

}

}

其中 SampleApp_P2P_DstAddr 是之前自己定义的，SAMPLEAPP_P2P_CLUSTERID 是在 SampleApp.h 中增加的，如下：

#define SAMPLEAPP_PERIODIC_CLUSTERID 1

#define SAMPLEAPP_FLASH_CLUSTERID 2

#define SAMPLEAPP_COM_CLUSTERID 3

#defineSAMPLEAPP_P2P_CLUSTERID 4

（4）搜索 SampleApp_ProcessEvent，找到 if（events& SAMPLEAPP_SEND_PERIODIC_MSG_EVT）修改成如下代码：

if（events & SAMPLEAPP_SEND_PERIODIC_MSG_EVT）

{

// Send the periodic message

//SampleApp_SendPeriodicMessage（ ）；//注释原来的发送函数

SampleApp_Send_P2P_Message（ ）；//增加点播的发送函数

// Setup to send message again in normal perio d（ + a little jitter）

osal_start_timerEx（ SampleApp_TaskID，SAMPLEAPP_SEND_PERIODIC_MSG_EVT，（SAMPLEAPP_SEND_PERIODIC_MSG_TIMEOUT +（osal _rand（ ）& 0x00FF）));

// return unprocessed even ts

return（ events ^ SAMPLEAPP_SEND_PERIODIC_MSG_EVT）；

}

（5）在接收方面，搜索找到 SampleApp_MessageMSGCB，进行如下修改（增加粗体部份）：

```
void SampleApp_MessageMSGCB（afIncomingMSGPacket_t *pkt）
{
uint16 flashTime；
switch（pkt->clusterId）
{
case SAMPLEAPP_P2P_CLUSTERID：
HalUARTWrite（0，"Rx："，3）；//提示接收到数据
HalUARTWrite（0，pkt->cmd.Data，pkt->cmd.DataLength）；//串口输出接收到的数据
HalUARTWrite（0，"\n"，1）；//回车换行
break；
case SAMPLEAPP_PERIODIC_CLUSTERID：
break；
case SAMPLEAPP_FLASH_CLUSTERID：
flashTime= BUILD_UINT16（pkt->cmd.Data[1]，pkt->cmd.Data[2]）；HalLedBlink（HAL_
LED_4，4，50，（flashTime / 4））；
break；
}
}
```

（6）协调器不需要周期发数据，注释协调器的周期事件

```
case ZDO_STATE_CHANGE：
SampleApp_NwkState =（devStates_t）（MSGpkt->hdr.status）；  if（//（SampleApp_NwkState
== DEV_ZB_COORD）||（SampleApp_NwkState == DEV_ROUTER）
||（SampleApp_NwkState == DEV_END_DEVICE））
{
// Start sending theperiodicmessage in a regular interval. osal_start_timerEx（SampleApp_
TaskID，SAMPLEAPP_SEND_PERIODIC_MSG_EVT，SAMPLEAPP_SEND_PERIODIC_MSG_
TIMEOUT）；
}
else
{
// Device is no longer in the network
}
break；
```

最后别忘了加上图 7-14 中的函数声明，不然编译报错的。将修改后的程序分别编译、下载到协调器、路由器、终端，如果条件允许都连接串口。可以看到只有协调器一个周期性收到字符串。也就是说路由器和终端均与地址为 0x00（协调器）的设备通信，不语其他设备通信。实现点对点传输。

7.7　数据运行分析

　　传感器实时数据显示部分，可以实施显示各个传感器数据的变化曲线，可以查看环境变量数据的变化趋势，更直观的显示各个数据。历史数据显示模块，可以根据日期去查看各个数据的历史变化曲线，为智能灯控提供的科学设计方案。手机或者平板—路由器—笔记本或者台式机[建立好 TCP 服务器。这样实现了手机控制电脑从而实现手机控制板子的目的。电脑端应用程序如图：

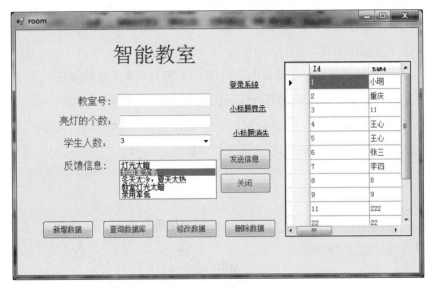

图 7-16　应用程序

　　云平台的应用设计参考 2.4 节基于 Wi-Fi 技术与云平台的数据传输，再云端建应用，并进行数据通信。

参考文献

[1] 熊茂华，熊昕. 无线传感网技术及应用[M]. 西安电子科技大学出版社出版，2016.

[2] 许毅，无线传感网技术原理及应用[M]. 清华大学出版社，2015.

[3] Ian F. Akyildiz（伊恩 F. 阿基迪兹），Mehmet Can Vuran（梅梅特 C. 沃安）. 无线传感网[M]. 电子工业出版社，2013.

[4] 张海生. 我国高校"新工科"建设的实践体系探索[J]. 重庆高教研究，2017（6）：41-55

[5] 钱哨，C# WinFor m 实践开发教程[M]. 中国水利水电出版社，2010.

[6] 孙戈，短距离无线通信及组网技术[M]. 西安电子科技大学出版社，2008.

[7] 胡云，无线局域网项目教程[M]. 清华大学出版社，2014.